轻松玩转

3D One

与3D打印

沈志宏·编著

人民邮电出版社

北 京

图书在版编目（ＣＩＰ）数据

轻松玩转3D One与3D打印 / 沈志宏编著. -- 北京：
人民邮电出版社，2018.5
ISBN 978-7-115-47920-4

Ⅰ．①轻… Ⅱ．①沈… Ⅲ．①三维动画软件②立体印
刷—印刷术 Ⅳ．①TP391.414②TS853

中国版本图书馆CIP数据核字(2018)第032952号

♦ 编　　著　沈志宏
　　责任编辑　李永涛
　　责任印制　马振武

♦ 人民邮电出版社出版发行　　北京市丰台区成寿寺路 11 号
　　邮编　100164　　电子邮件　315@ptpress.com.cn
　　网址　http://www.ptpress.com.cn
　　北京九州迅驰传媒文化有限公司印刷

♦ 开本：690×970　1/16
　　印张：8.5　　　　　　　　　2018 年 5 月第 1 版
　　字数：122 千字　　　　　　2025 年 1 月北京第 19 次印刷

定价：49.80 元（附光盘）

读者服务热线：(010)81055410　印装质量热线：(010)81055316
反盗版热线：(010)81055315
广告经营许可证：京东市监广登字 20170147 号

内容提要

    本书从理论到实战，从简单到复杂，循序渐进地介绍了利用 3D One 软件进行模型设计的方法和技巧。选用的实例也是人们生活中喜闻乐见的物品，有学习用品、生活用品、运动器具、益智玩具等。在不同的实例中渗透 3D One 软件的命令应用和使用技巧，让读者在模仿中思考、在思考中创新、在创新中成长。

    本书各章均配有想一想、试一试、练一练等环节，让读者边学边思考、边学边练习、边学边掌握。部分实例的设置参数在书中没有细化，目的在于让读者体验不同参数带来的不同模型效果，举一反三地创作出更多的优秀作品来。配套光盘中提供了实例操作的视频教学文件（读者也可以通过扫描书中二维码的形式用移动终端设备查看），可以帮助不同层次的读者完成实例的制作。

    本书适合中小学学生阅读，可作为中小学创新教育相关课程的教材。

序 1

近年来，全社会推动的创客教育让教师的教学、学生的学习发生着悄然的变化。从只关注知识的记忆转为知识的理解和应用上，体验生活，在生活中发现问题，并通过已有的知识找到解决问题的方法，体验式的学习方式已融入到我们的日常课堂之中。

沈志宏老师是浙江省许憬网络名师工作室的成员，一直致力于学校创客教育的研究与实践，尤其在 3D 打印项目方面有非常深入的学习和深刻的研究。收到《轻松玩转 3D One 与 3D 打印》一书的电子稿，甚是高兴，又有一本适合学生，特别是适合中小学生的 3D 打印方面的图书面世了。

随着创客教育的不断推进，3D 打印课程也在全国各地学校遍地开花，但在这股 3D 打印热潮的背后，却又引发着更深层次的思考。作为新载体的创客教育如何突破传统课堂模式的重围？如何在培养高阶思维与创新能力等方面发挥创客教育的价值？这些都是我们一线教育工作者必须思考的问题。值得庆幸的是，《轻松玩转 3D One 与 3D 打印》给了我们诸多积极的实践和探索，这本书虽然依稀还有些传统的影子，但我们已能感受到作者努力去改变的冲动与欲望。本书提出了 3D 打印学习的三个层次的实践操作：（1）最低层操作——模仿性实践。强调老师的演示和学生的模仿体验，它注重的是模仿的结果，而不是操作的过程。（2）第二层操作——思考性实践，即在 3D 在制作过程中让孩子善思考乐思考，把要制作的模型做详细的事前规划。思考性实践是创作的基础，是 3D 打印的最重要环节。（3）最高层操作——创新性实践。创新是 3D 项目及创客教育的核心思想，3D 打印学习的后期，我们需要学生以已有的生活阅历为基础创作出具有一定功能的创意作品，让学生发现问题、思考问题，用已有3D打印知识去解决问题。创新性实践将技术学习和问题解决有机契合，体现了学以致用的思想。"没有教育的科学，何来科学的教育"。《轻松玩转3D One与3D打印》为我们构建了一条从模仿作品到思考作品再到创作作品，从低阶思维转向高阶思维训练的清晰课程实施路线图，这也是创客教育的终极价值所在——创新素养培养。

我们有理由相信，本书的面世会给我们的学生读者带来更多的惊喜。

全国优秀教师、全国优秀科技辅导员、浙江省特级教师　许憬

序2

在创新教育和创客教育领域，近年来涌现出不少新的工具，3D One 作为三维创意设计类软件，自 2015 年推出第一个版本以来，因操作简单、功能强大，受到不少师生的青睐。目前，基于 3D One 软件出版的教材有 10 多本，这些教材从不同角度，用不同的方式介绍 3D One，内容非常丰富。沈老师写的这本《轻松玩转 3D One 与 3D 打印》，就是其中比较出色的一本。

因为 3D One，让我有机会结缘很多像沈志宏这样优秀的老师，沈老师给我最大的印象就是治学严谨，无论是他在社区提交的 3D One 作品还是制作的 3D One 课件，质量都很高。这次沈老师邀请我为他的《轻松玩转 3D One 与 3D 打印》写序，一开始我是犹豫的，作为一名工程师，除了对软件熟悉，我没有很华丽的词藻，也没有很高深的理论功底，那就在书本的内容上帮沈老师把把关吧。在认真通读了《轻松玩转 3D One 与 3D 打印》后，我很欣慰沈老师保持了他一贯治学严谨的作风。在内容设计上，这本书还有下面几大特色。

特色一：课例的模型比较通俗，比较适合读者在模仿后举一反三，制作出其他的日常生活、学习用品，如花盆的做法可以衍生出碗、菜盆子等物品的制作。

特色二：课例不重点突出模型的参数，有利于学生自主尝试，体验参数设置精确的重要性及作品的美观性。

特色三：每个节点都设计为一个主题，这些主题贴近生活、学习，注重情感（如爱心模型）、学习乐趣（如书签、笔筒模型）、审美欣赏（如花瓶模型）等素养的培养，又不乏创新能力的积攒。

特色四：书中有即时练习，阶段性巩固所学知识及思考，如想一想、练一练、试一试等环节。

总的来说，《轻松玩转 3D One 与 3D 打印》浅显易懂，技术要点分配合理，讲解到位，特别适合初次接触 3D One 软件的读者，可以做到让读者在模仿中思考、在思考中创新、在创新中进步，值得一读。

3D One 软件研发经理兼产品经理、高级工程师　林壁贵

前言

INTRODUCTION

从 1988 年 3D Systems 公司推出了世界上第一台基于 SLA 技术的商用 3D 打印机 SLA-250 到今天，3D 打印已经被越来越多的人所熟知，它是制造业有代表性的颠覆性技术，实现了制造从等材、减材到增材的重大转变，改变了传统制造的理念和模式，具有重大的价值。2017 年 9 月，教育部发布了《中小学综合实践活动课程指导纲要》，将 3D 打印作为设计制作活动（劳动技术）的推荐主题纳入了课程指导纲要中。

3D One 是广州中望龙腾软件股份有限公司专为中小学生量身定制的 3D 建模软件。3D One 软件界面简洁、功能强大、易于上手，非常适合中小学生的开放思维创意操作模式，能够简单、轻松、快捷地实现孩子们的创意想法。本书是基于 3D One 2.2 教育版编写的，在 2.2 版本中将 i3DOne 社区的学习、教学相关资源和功能内嵌入软件，让学生真正体验了线上、线下融合带来的方便与乐趣。3D One 社区课堂管理的功能，集学生作业布置、学生作品点评、教师个性化教学定制于一体，完美打造了互联网 +3D 创意课的新模式！

本书是编者在教学实践中多次修改、提炼的成果，教学实例更加贴近于孩子们的学习、生活。通过不同类型的实例制作，让孩子们在模仿中轻松掌握 3D One 工具栏命令的应用和使用技巧；在思考中体验 3D 创意设计的理念；在创新中脑洞大开，启发创意思维，培养创新素养。

本书由沈志宏主笔，参与编写的人还有吴育忠、罗敏江、张云源、钱丹慧、潘翔、邱丽花、倪学文、姚伟明、肖莉阳、薛超、姚国平、蒋礼、蔡楚慧、李海伦、林山、何燕、甘延霖、邱良、范利玛、顾利荣、吴明琴、唐卫琴、张国鸿、陈斌、钟文华、姚明学、王国凯。

感谢所有在本书编写中给予帮助的朋友们，书中难免存在一些遗憾和不足，敬请广大读者批评指正，我们一定在后续的修订中改正。

编　者

2018 年 1 月

目录 CONTENTS

第 1 篇

初识 3D 打印，领略科技魅力

- 走进 3D 打印的世界
- 神秘的打印武器——3D 打印机
- 三维创意软件——3D One

第 1 章

走进 3D 打印的世界

近年来，到处都能听到 3D 打印这个名词，那么 3D 打印究竟是什么呢？

1.1 3D 打印的起源

3D 打印技术起源于 19 世纪末美国研究的照相雕塑和地貌成形技术，到 20 世纪 80 年代后期已初具雏形，其学名为"3D 打印快速成型技术"，并且在这个时期得到推广和发展！

1.2 什么是 3D 打印

3D 打印，英文叫 3D Printing，是快速成型技术的一种，它是一种以数字模型文件为基础，运用粉末状金属或塑料等可黏合材料，通过逐层打印的方式来构造物体的技术。

简单地说，3D 打印就是在普通的二维打印的基础上再加一维。打印机先像普通打印一样在一个平面上将塑料、金属等粉末状材料打印出一层，然后再将这些可黏合的打印层一层一层地粘起来。通过每一层不同的"图形"的累积，最后就形成了一个三维物体。就像盖房子一样，砖块是一层一层砌起来的，但累积起来后，就成一个立体的房子了。

1.3 3D 打印技术的优点

3D 打印技术的魅力在于它不需要在工厂操作，桌面打印机可以打印出小物品，人们可以将其放在办公室一角、商店里甚至桌子上；而自行车车架、汽车方向盘甚至飞机零件等大物品，则需要更大的打印机和更大的放置空间。

你想象中的 3D 打印是怎样的？你会用 3D 打印做什么？

_____

_____

1.4 3D 打印的发展简史

1986 年，查尔斯·赫尔成立了 3D Systems 公司，研发了著名的 STL 文件格式，STL 文件格式逐渐成为 CAD/CAM 系统接口文件格式的工业标准。

1988 年，3D Systems 公司推出了世界上第一台基于 SLA 技术的商用 3D 打印机 SLA-250，其体积非常大，查尔斯把它称为"立体平板印刷机"。尽管 SLA-250 身形巨大且价格昂贵，但它的面世标志着 3D 打印商业化的起步。同年，斯科特·克伦普发明了另一种 3D 打印技术即熔融沉积快速成型技术（Fused Deposition Modeling，FDM），并成立了 Stratasys 公司。

1993 年，美国麻省理工大学的 Emanual Sachs 教授发明了三维印刷技术（Three-Dimension Printing，3DP），3DP 技术通过粘接剂把金属、陶瓷等粉末黏合成型。

1996 年，3D Systems、Stratasys、Z Corporation 各自推出了新一代的快速成型设备 Actua 2100、Genisys 和 Z402，此后快速成型技术便有了更加通俗的称谓——"3D 打印"。

2005 年，Z Corporation 公司推出世界上第一台高精度彩色 3D 打印机 Spectrum Z510，让 3D 打印走进了彩色时代。

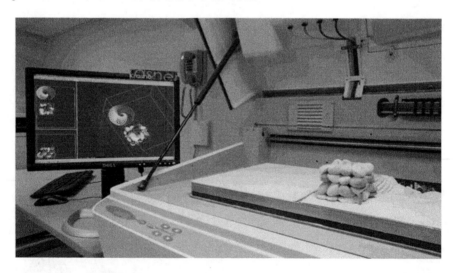

2006 年，3D 打印界的另外一个标志性事件发生了。一个名叫 Reprap 的开源 3D 打印计划公布出来，这一行为，让 3D 打印在很多领域不再有专利的束缚，普通人也可以进行 3D 打印了。

2010 年 11 月，美国 Jim Kor 团队打造出世界上第一辆由 3D 打印机打印而成的汽车 Urbee。

2011 年 7 月，英国研究人员开发出世界上第一台 3D 巧克力打印机。

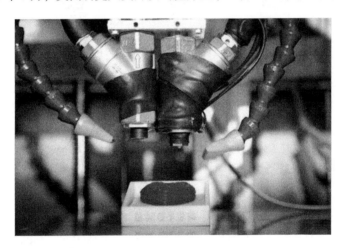

2011 年 8 月，南安普敦大学的工程师们开发出世界上第一架 3D 打印的飞机。

2012 年 11 月，苏格兰科学家利用人体细胞首次用 3D 打印机打印出人造肝脏组织。

思考一下，你觉得在 3D 打印的发展过程中，是什么环节起了关键性的作用？

_____

_____

1.5　3D 打印的应用领域

一、航空航天领域

2016 年 3 月 31 日，俄罗斯首个 3D 打印的立方体卫星（CubeSat）Tomsk-TPU-120，搭载一枚进步 MS-2 火箭进入国际空间站，并由空间站上的宇航员通过太空行走将其放置在一个 400km 高的轨道上。

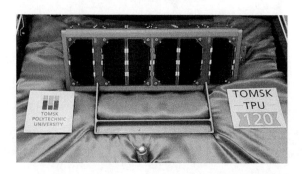

二、汽车领域

瑞典跑车制造商 Koenigsegg（科尼塞克）推出了一款名为 One:1 的超级汽车。One:1 将是"世界上第一辆巨汽车（megacar）"，它还是全球第一款功率重量比达到 1：1 的量产车。它的重量为 1340kg，可产生 1322bhp（1340 公制马力），超过了当前的吉尼斯世界纪录：1184bhp 的布加迪威龙 Super Sport。

三、生物医疗领域

2016 年 2 月，来自美国北卡罗莱纳州维克森林大学（Wake Forest University）再生医学研究所的科学家们称，他们已经创建了一台可以制造器官、组织和骨骼的 3D 打印机，理论上，这些打印出来的器官、组织和骨骼能够直接植入人体。

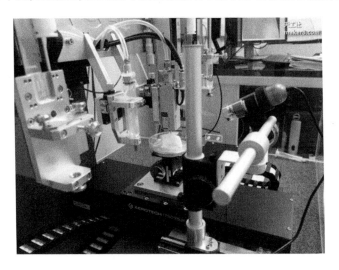

四、建筑领域

2016 年 5 月，迪拜第一个全功能的 3D 打印建筑同时也是世界上的首个 3D

打印办公室落成。这座建在阿联酋大厦（Emirates Towers）旁的独特建筑将成为迪拜未来基金会的临时办公室。

 　在未来，3D 打印对人类作用最大的应该是在哪个领域？为什么？

_____

_____

第 2 章

神秘的打印武器——3D 打印机

2.1 3D 打印机

3D 打印机又称三维打印机（3DP），是一种利用累积制造技术，即快速成型技术，以数字模型文件为基础，运用特殊蜡材、粉末状金属或塑料等可粘合材料，通过打印一层层的黏合材料来制造三维的物体的机器。

3D 打印机与传统打印机最大的区别在于它使用的"墨水"是实实在在的原材料，堆叠薄层的形式多种多样，可用于打印的介质种类多样（从种类繁多的塑料到金属、陶瓷及橡胶类物质）。有些打印机还能结合不同介质，令打印出来的物体一头坚硬而另一头柔软。

（1）有些 3D 打印机使用"喷墨"的方式，即使用打印机喷头将一层极薄的液态塑料物质喷涂在铸模托盘上，此涂层被置于紫外线下进行处理，之后铸模托盘下降极小的距离，以供下一层堆叠上来。

（2）有的使用一种叫作"熔融沉积成型"的技术，整个流程是在喷头内熔化塑料，然后通过沉积塑料纤维的方式形成薄层。

（3）还有一些系统使用一种叫作"激光烧结"的技术，以粉末微粒作为打印介质。粉末微粒被喷撒在铸模托盘上形成一层极薄的粉末层，熔铸成指定形状，然后由喷出的液态粘合剂进行固化。

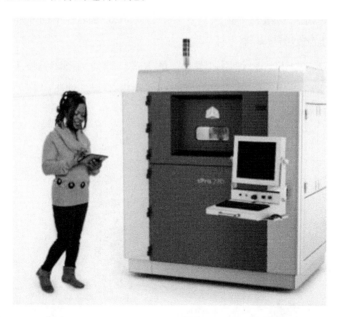

（4）有的则是利用真空中的电子流熔化粉末微粒，当遇到包含孔洞及悬臂这样的复杂结构时，介质中就需要加入凝胶剂或其他物质以提供支撑或用来占据空间。这部分粉末不会被熔铸，最后只需用水或气流冲洗掉支撑物便可形成孔隙。

了解了 3D 打印机，你发现 3D 打印机和普通打印机最大的区别在什么地方？

_____

_____

2.2　3D 模型设计

3D 打印的设计过程是：先通过计算机建模软件建模，再将建成的 3D 模型"分区"成逐层的截面，即切片，从而指导打印机逐层打印。

设计软件和打印机之间协作的标准文件格式是 STL 文件格式。一个 STL 文件使用三角面来近似模拟物体的表面。三角面越小，其生成的表面分辨率越高。PLY 是一种通过扫描产生三维文件的扫描器，其生成的 VRML 或 WRL 文件经常被用作全彩打印的输入文件。

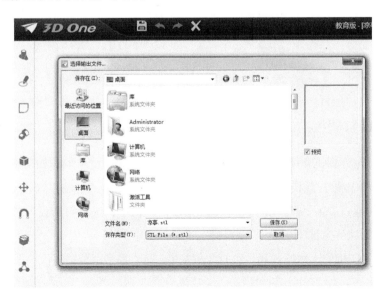

2.3 3D 打印切片

3D 打印切片是三维模型数据处理过程的简称。

3D 打印机会配套一个切片软件，这个切片软件就是对要打印的三维模型文件进行打印参数的设置。在切片软件中设置好参数后，软件就可以自动计算数据，最终获得 3D 打印机可以识别的一种 G 代码文件。这个文件传输给 3D 打印机就可以打印了。

2.4 3D 打印机的工作步骤

先通过计算机建模软件建模，如果你有现成的模型也可以，如动物模型、人物模型或微缩建筑模型等。

然后通过 SD 卡或 U 盘把它复制到 3D 打印机中，进行打印设置，之后打印机就可以把它们打印出来了。

3D 打印机的工作原理和传统打印机基本一样，都是由控制组件、机械组件、打印头、耗材和介质等组成的，打印原理是一样的。3D 打印机主要是在打印前在电脑上设计了一个完整的三维立体模型，然后再进行打印输出。

3D 打印与激光成型技术一样，采用了分层加工、叠加成型来完成 3D 实体打印。

2.5　3D 打印机的打印材料

在 3D 打印领域，3D 打印材料是 3D 打印技术发展的重要物质基础。目前，市场上的 3D 打印材料已不下 200 余种，下面我们就来认识几种常用的材料。

一、ABS 塑料

ABS 是目前产量最大、应用最广泛的聚合物，它将 PS、SAN、BS 的各种性能有机地统一起来，兼有韧、硬、刚的特性。ABS 是丙烯腈、丁二烯和苯乙烯的三元共聚物，A 代表丙烯腈，B 代表丁二烯，S 代表苯乙烯。

ABS 塑料一般是不透明的，外观呈浅象牙色，无毒、无味，有极好的冲击强度，尺寸稳定性好，电性能、耐磨性、抗化学药品性、染色性、成型加工和机械加工等特性都比较好。

二、PLA 塑料

PLA（聚乳酸）是一种新型的生物降解材料，使用可再生的植物资源（如玉米）所提取的淀粉原料制成。聚乳酸的相容性、可降解性、机械性能和物理性能良好，适用于吹塑、热塑等各种加工方法，加工方便，应用十分广泛。同时也拥有良好的光泽性、透明度抗拉强度及延展度。

三、金属材料

3D 打印所使用的金属粉末一般要求纯净度高、球形度好、粒径分布窄、氧含量低。目前，应用于 3D 打印的金属粉末材料主要有钛合金、钴铬合金、不锈钢和铝合金材料等，此外还有用于打印首饰用的金、银等贵金属粉末材料。

金属 3D 打印材料的应用领域相当广泛，例如，石化工程应用、航空航天、汽车制造、注塑模具、轻金属合金铸造、食品加工、医疗、造纸、电力、珠宝、时装等。

黄铜　铜　铝　红铜　青铜

1. 除了今天我们了解的 3D 打印材料，你还知道有哪些 3D 打印材料？

2. 你想发明一些什么样的 3D 打印材料？并想用这些材料打印什么？

_____

_____

第 3 章

三维创意软件──3D One

3.1 认识 3D One

3D One 三维设计软件，是中望公司根据 6 ~ 23 岁年龄阶段（小学、中学、大学）的教育特点，开发出的适用于青少年群体的 3D 打印设计软件。3D One 软件界面简洁、功能强大、易于上手，非常适合中小学生的开放思维创意操作模式，能够简单、轻松、快捷地让中小学生表达创意想法，能让没有任何基础的孩子们，通过短短几个小时的学习即可用搭积木的堆砌方式、简单的拖拉操作方式，绘出自己的 3D 作品，并直接输出到 3D 打印机打印。

3D 创客教育大
咖说

通过观看这段视频，你想利用 3D One 做些什么？

_____

_____

3.2 在线欣赏 3D One 作品

在 3D One 青少年三维创意社区（www.i3D One.com）中，有许多老师、同学及其他喜欢 3D 创意创作爱好者的作品。

作品欣赏

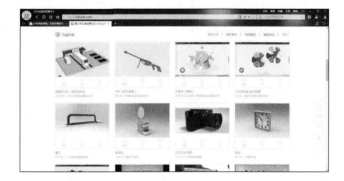

3.3 在网站上注册用户

为了更好地利用 3D One 青少年三维创意社区将自己的作品进行在线保存和在线分享，我们应该先在网站上进行用户注册。

用户注册

尝试在 3D One 青少年三维创意社区中注册成为正式用户。将自己的注册信息记录在自己的课本中防止遗忘。

网站用户名：_____　　密码：_____

为了便于交流，注册成功后请登录网站，在"个人中心"完善自己的"基础信息"。

完善信息

3.4　对 3D One 作品发表评论

只有登录 3D One 青少年三维创意社区，才可以对其他同学、老师和创意爱好者的作品进行评论。

作品评论

请对 3D One 青少年三维创意社区中的一件作品进行适当的评论。

作品名称：_____

你想说的是：_____

在 3D One 青少年三维创意社区发表评论时请使用文明用语，争做网络文明小使者；合理评价，尊重他人劳动果实。

3.5 认识 3D One 软件窗口

打开 3D One 软件，就可以看到简洁舒适的设计界面了，在这友好的交互界面中让设计过程变得更加轻松愉悦。

如下图所示，3D One 界面包括菜单栏、标题栏、命令工具栏、工作区、视图导航器、浮动工具栏及在线资源库，在线资源库将 i3DOne 社区的学习、教学相关资源和功能内嵌入软件。

软件界面

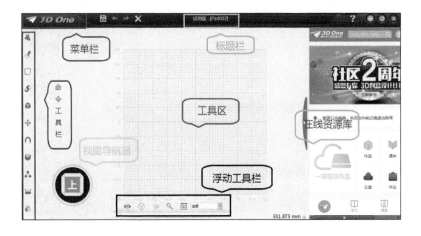

打开 3D One 软件，认一认软件界面中的功能区。你在尝试的过程中发现了什么：

_____

_____

3.6 了解鼠标在 3D One 软件中的作用

使用 3D One 软件设计时，鼠标的作用很重要，左键、右键和滚轮都有着特殊的作用。下面就让我们一起来了解它们吧。

- 左键：可以单选、多选物体，按住左键还可以简单地拖动物体。
- 右键：按住右键可以自由转换自己的视角。
- 滚轮：滚轮滚动可以放大、缩小网格面和物体，实际尺寸不变，按住滚轮可以拖动网格面。

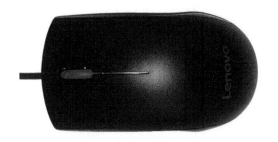

1. 使用右键转换自己的视角，尝试停留在一个视角位置，观察视图导航器的变化。

2. 使用滚轮放大、缩小网格面，按住滚轮，拖动一下网格面。

3. 请将你在鼠标的操作过程中出现的疑惑记录下来。

第2篇

尝试模仿制作，掌握技术要领

第 4 章

灵感源于生活——花瓶

随着生活水平的日趋提高，人们追求美的热情也不断高涨。为了美化环境、愉悦心情，很多家庭在角角落落放置着各种装饰摆件。如果在房间中放置一款由自己设计的 3D 花瓶摆件，会不会感觉更高大上呢?

4.1 视图的选择

在 3D One 的"工作区"中，网格面视图有两种模式: 一种是透视图，另一种是正视图，两种视图的切换在"视图导航器"上完成。

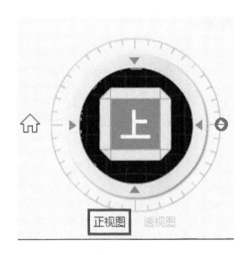

1. 尝试将视图模式调整为"正视图"，想一想，它是在_____中完成操作的。

2. 尝试将网格面调整成如下图所示，我是这样操作的____

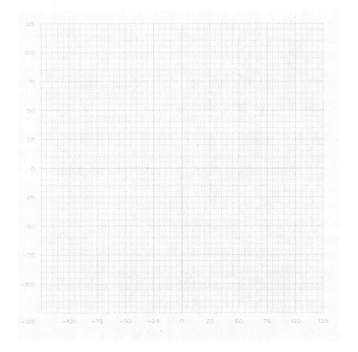

4.2 草图绘制花瓶截面

一、"直线"命令

通过两端点的设定，可以快速通过给定点绘制直线。可通过设定参数，改变直线尺寸。可在网格面上绘制，也可在造型平面上绘制。

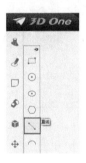

同学们一起来找一找"直线"命令在哪里吧，打开_____，找到_____就可以发现"直线"命令了。

二、绘制花瓶口和底

单击工具栏中的"草图绘制"→"直线"按钮，在网格面中绘制花瓶的口和底。端点之间需重合且不能交叉。

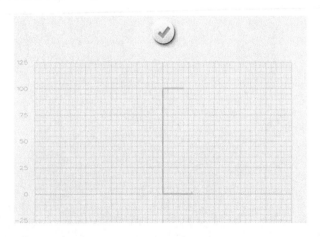

1. 尝试绘制花瓶的口和底。

2. 尝试用"直线"命令连接花瓶的口和底。

三、"通过点绘制曲线"命令

可通过连续多点绘制曲线或直接输入坐标得到曲线。可在网格面上绘制，也可在造型平面上绘制。

同学们一起来找一找"通过点绘制曲线"命令在哪里吧，打开_____，找到_____可以发现"通过点绘制曲线"命令了。

四、绘制花瓶的曲面

单击工具栏中的"草图绘制"→"通过点绘制曲线"按钮绘制曲线，曲线第一个点和花瓶上口直线右边端点重合，最后一个点和花瓶下底口直线右边端点重合，而且不能交叉。

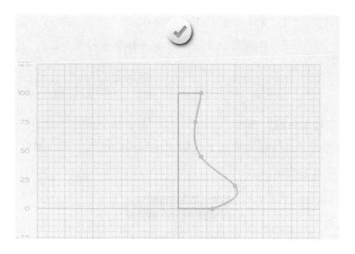

绘制完成后，单击"完成" 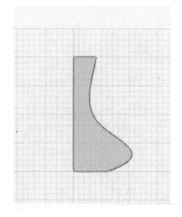 按钮，完成下图所示的封闭图形的绘制。

尝试用"通过点绘制曲线"命令完成花瓶半个截面的绘制。

想要得到不同形状的花瓶，你会怎么做？

我的想法是：

_____

_____

4.3　特征造型让截面变立体

一、"旋转"命令

旋转命令就是将草图通过轴线旋转一圈或一定角度而形成实体。

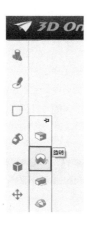

同学们一起来找一找"旋转"命令在哪里吧，打开_____，找到_____就可以发现"旋转"命令了。

二、截面变花瓶

单击工具栏中的"特征造型"→"旋转"按钮，在"轮廓 P"处用鼠标选择刚才画好的花瓶草图，在"轴 A"处用鼠标选择花瓶草图的高度直线，设置完成后单击"√"按钮完成"旋转"命令的参数设置。

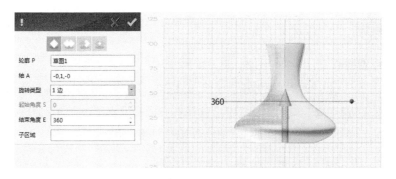

1. 尝试用"旋转"命令完成花瓶的制作。

2. 选择不同的直线作为旋转的轴会有什么变化?

我用_____作为轴,花瓶变成了_____。

我用_____作为轴,花瓶变成了_____。

4.4　特殊功能让花瓶变空心

一、"抽壳"命令

此命令是将实体零件的内部全部去掉,仅留下外壳,开放面为造型的开口面。

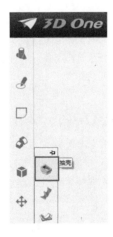

同学们一起来找一找"抽壳"命令在哪里吧,打开_____,找到_____就可以发现"抽壳"命令了。

二、实心变空心

单击工具栏中的"特殊功能"→"抽壳"按钮,在"造型S"处用鼠标选择花瓶,将"厚度T"设置成"-2","开放面"用鼠标右键切换视图,选择花瓶的上口面,设置完成后单击"√"按钮完成"抽壳"命令的参数设置。

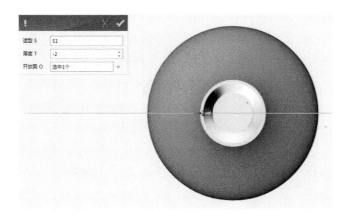

尝试把自己绘制的花瓶由实心变成空心的。

你能制作出其他样式的花瓶吗?

花瓶绘制

第 5 章

赋予作品内涵——文字

文字记录了各类信息，承载着交流的使命。在 3D 作品中点缀文字，更显人文气息。它可以标注产品作者，也可以讲述作品意义；可以是中国汉字，也可以是西方字母；可以是一句话，甚至是一个词。

5.1 绘制花瓶

怎样让制作完成的花瓶更加具有艺术性呢？对，我们可以在花瓶上绘制花纹、绘制文字，方法有许多种，今天我们将带大家一起来学习在花瓶上绘制文字。

首先在网格面中绘制一个花瓶。

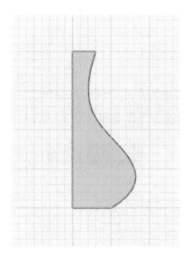

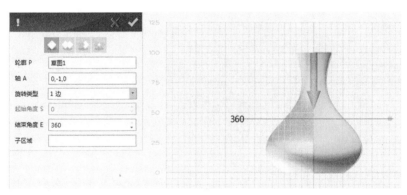

5.2 绘制文字

一、"预制文字"命令

此命令将文字直接转换为草图，可通过菜单设定文字左下角点坐标和文字内容，并且通过拖动新增智能操作手柄改变文字的大小。

 同学们一起来找一找"预制文字"命令在哪里吧，打开_____，找到_____就可以发现"预制文字"命令了。

二、绘制文字

单击工具栏中的"草图绘制"→"预制文字"按钮，在花瓶的瓶身上需要添加文字的面上单击鼠标，在出现在"预制文字"窗口中输入要添加的文字"花瓶"，根据实际情况设置好字体、样式、大小参数，最后在原点参数中设置文字放置的具体位置，也可以用鼠标来选择。设置完成后单击"√"按钮完成文字的绘制。

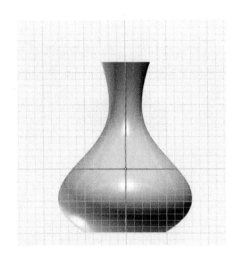

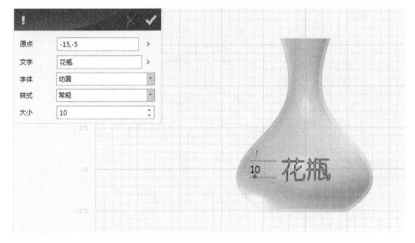

1. 尝试添加文字。

2. 尝试设置"预制文字"中的各项参数。

你绘制的文字是怎样的?

_____

_____

三、"移动"命令

此命令可将零件从一点移动到另一点，此处的移动不仅仅指沿轴线平移，还包括沿轴旋转，并且平移量和旋转量可使用三维手柄进行拖动、输入调节。

单击工具栏中的"基本编辑"→"移动"按钮，选择动态移动。

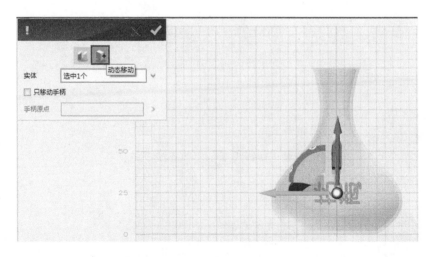

找到 x 轴方向的圆弧，旋转文字，角度设置为 180°。完成后单击"√"按钮退出移动命令。

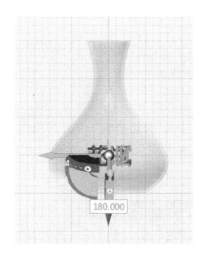

　同学们尝试用"移动"命令将倒着的文字调整为正常状态。

四、"投影曲线"命令

此命令默认情况下将曲线垂直投影于曲面，也可在菜单中选择以一定方向投影到曲面。

找一找"投影曲线"命令在哪里？

我找到了：_____

单击工具栏中的"特殊功能"→"投影曲线"按钮，"曲线"参数选择文字"花瓶"，"面"选择花瓶的面。设置完成后单击"√"按钮完成"投影曲线"的操作。

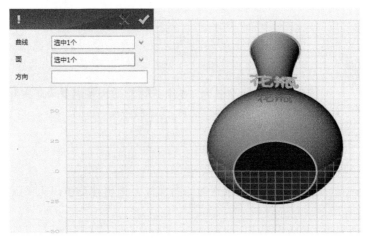

尝试将文字投影到花瓶上。

五、"镶嵌曲线"命令

此命令可在曲面上将曲线轮廓拉伸成实体，与普通拉伸命令不同的是，拉伸曲线命令中的拉伸特征曲线是在曲面上的，而并非普通拉伸命令中拉伸特征曲线是在平面上的，如果在菜单中如果不选择拉伸方向则默认垂直于曲面拉伸。

 同学们一起来找一找"镶嵌曲线"命令在哪里吧！

　　单击工具栏中的"特殊功能"→"镶嵌曲线"按钮，"面 F"选择花瓶需要镶嵌文字的面。"曲线 C"用鼠标框选文字"花瓶"，"偏移 T"参数中正数代表凸起，负数代表凹进，设置完成后单击"√"按钮完成"镶嵌曲线"的操作。

面 F	选中1个
曲线 C	选中103个
偏移 T	1
方向	

同学们一起来把文字镶嵌到花瓶上吧!

在设置参数"偏移 T"时数字的大小对文字的镶嵌有影响吗?

我发现:

_____

_____

六、完成花瓶文字绘制

你还能给花瓶绘制出多样的文字吗?

文字绘制

第 6 章

把绿色带回家——花盆

植物在人们的生活中扮演着重要的角色，室内有了形形色色的植物，人们便会感觉到和大自然靠得更近了，看到绿色植物，回归自然之感油然而生。今天就让我们一起来设计一款栽种绿植的花盆吧！

6.1 花盆主盆

一般的花盆都分为两个部件，一个是花盆的主盆，另一个是花盆的托盘。那主盆是怎么制作的呢？

一、"草图绘制"给主盆定个型

单击工具栏中的"草图绘制"→"直线"按钮，在网格面中绘制一条线段，长度为 75mm。然后绘制出花盆主盆的上口和下口，长度分别为 60mm 和 40mm，单击"√"按钮完成线段的绘制。

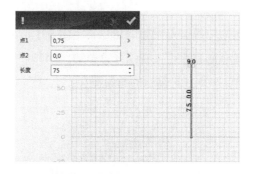

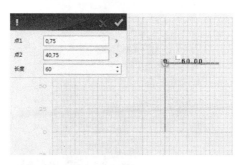

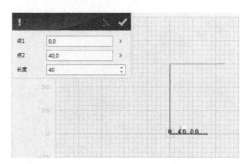

二、"圆弧"命令

在左侧草图绘制模式下，在子菜单中选择"圆弧"命令，通过两点、半径的设定，可以快速通过给定两点和半径绘制圆弧。可通过设定参数，改变圆弧的尺寸。圆弧可在网格面上绘制，也可在造型平面上绘制。

单击工具栏中的"草图绘制"→"圆弧"按钮，绘制出花盆主盆的外形。单击"√"按钮，花盆的圆弧就绘制完成了，然后单击 按钮退出草图编辑。

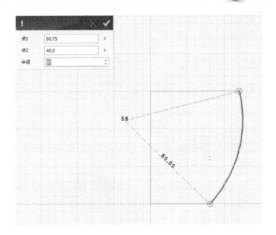

赶紧给你的花盆主盆定个型吧。

唉，花盆怎么不像呢？你有什么后续的想法吗？

_____

_____

三、花盆初成型

单击工具栏中的"特征造型"→"旋转"按钮，"轮廓 P"参数选择刚才绘制的草图，"轴 A"参数选择草图中的直线，其他参数默认设置即可，设置完毕后单击"√"按钮退出旋转编辑。

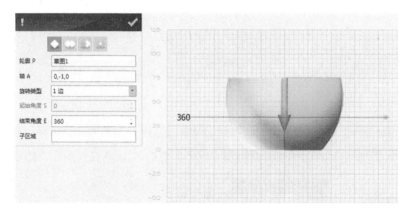

单击工具栏中的"特殊功能"→"抽壳"按钮，"造型 S"参数选择主盆，"厚度 T"参数设置为"-2"，"开放面 O"选择花盆主盆的大口面，设置完毕后单击"√"按钮退出抽壳编辑。

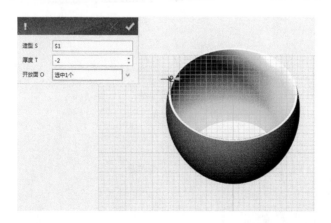

做一个属于你自己的花盆主盆雏形吧。

同学们，花盆的主盆做好了，你发现花盆还缺少什么呢？

_____

_____

四、"圆角"命令

在子菜单中选择"圆角"命令，该命令可以创建两条曲线间的圆角，单击选择草图中的两条不同的曲线后在菜单中设置圆角半径即可。

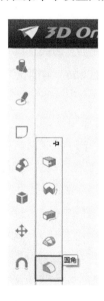

我们发现这样的花盆太扎手了，那就让我们使用"圆角"命令来处理一下吧！

单击工具栏中的"特征造型"→"圆角"按钮，选中要处理的边，设置完毕后单击"√"按钮退出圆角编辑。

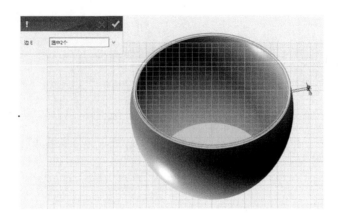

五、滤水孔的制作

给盆栽的植物浇水时很难控制浇水的量，所以每个花盆的底部都是有出水孔的。

调整视图导航器，将视图调整为"前"，然后单击工具栏中的"基本实体"→"圆柱体"按钮，在花盆主盆的底部绘制一个圆柱体，中心点同花盆底部圆的中心，设置圆柱的半径为 5mm、高度设为 100mm，设置完毕后单击"√"按钮退出圆柱绘制。

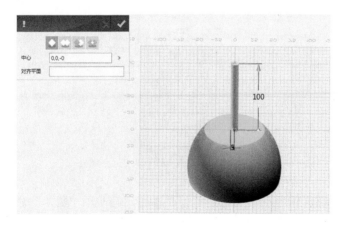

单击工具栏中的"基本编辑"→"移动"→"动态移动"按钮，"实体"选择刚才绘制的圆柱，单击拖动 y 轴并由上而下移动穿过花盆。移动完毕后单击"√"按钮退出圆柱移动编辑。

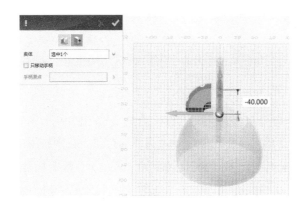

六、组合编辑（减运算）

选择左侧的组合编辑命令，可以对多个基体做布尔运算，布尔运算的形式为：加运算、减运算、交运算。布尔减运算：在一个造型上去掉另一个或多个造型部分，最后得到一个造型。

单击工具栏中的"组合编辑"→"减运算"按钮，"基体"选择花盆主盆。"合并体"选择圆柱，单击"√"按钮完成花盆主盆的打孔操作。

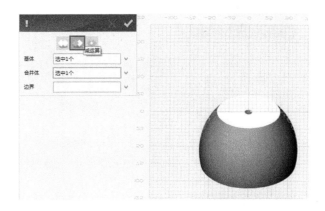

这样我们就把花盆的主盆制作完成了。

1. 尝试用"圆角"命令修饰花盆主盆的开口。
2. 尝试给花盆主盆做个滤水孔。

6.2 花盆托盘

为了防止在浇水时花盆滤出的水不影响桌面的整洁，我们需要有一个托盘将滤出来的水接住。

一、托盘造型

单击工具栏中的"草图绘制"→"直线"按钮，在网格面中绘制一条线段，长度为 15mm。根据花盆主盆的下口长度（40mm），绘制托盘的上口和下口长度分别为 60mm 和 45mm，单击"√"按钮完成线段的绘制。

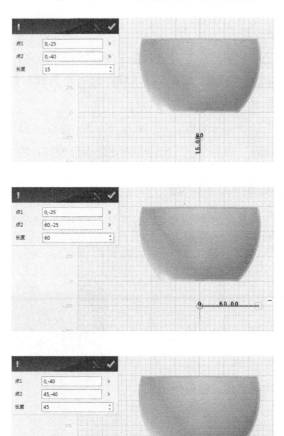

接下来单击工具栏中的"草图绘制"→"圆弧"按钮，绘制出托盘的外形。单击"√"按钮，花盆托盘的圆弧就绘制完成了，然后单击 按钮退出草图编辑。

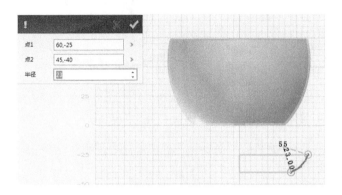

二、托盘成型

单击工具栏中的"特征造型"→"旋转"按钮，"轮廓 P"参数选择刚才绘制的草图，"轴 A"参数选择草图中的直线，其他参数选择默认设置，设置完毕后单击"√"按钮退出旋转编辑。

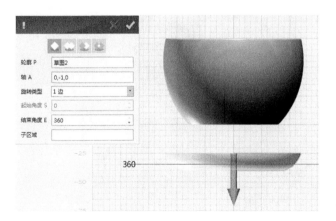

单击工具栏中的"特殊功能"→"抽壳"按钮，"造型 S"参数选择托盘，"厚度 T"参数设置为"-2"，"开放面 O"选择托盘的大口面，设置完毕后单击"√"按钮退出抽壳编辑。

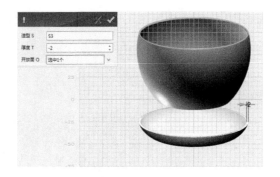

同学们尝试绘制一个花盆的托盘吧。

花盆的外形品种很多，有的非常漂亮，通过今天的学习你还
可以绘制出其他外形的花盆吗？你是怎样想的，能不能画一画？

我的设计一

我的设计二

花盆绘制

第 7 章

献给妈妈的爱——爱心

每个妈妈都是爱美的，她们用自己青春的流逝换来了孩子的成长。以爱的名义，用 3D 打印制作爱心，容智慧与情感于一体，这是送给妈妈温暖的礼物。

7.1　绘制心形

一、半颗"心"

单击工具栏中的"草图绘制"→"直线"按钮，在网格面中绘制一条线段，长度为 100mm。

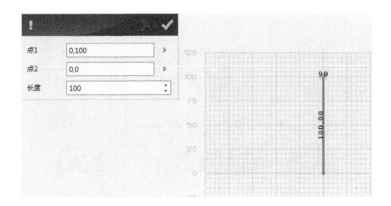

接下来单击工具栏中的"草图绘制"→"通过点绘制曲线"按钮，绘制出爱心的弧线。

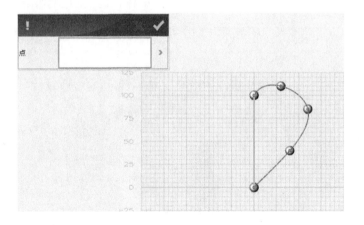

同学们一起来绘制一下爱心的半个造型吧。

在绘制曲线时，曲线和线段的连接需要注意什么？

单击"√"按钮，曲线绘制完成。至此，我们就绘制完成了爱心的一半，那如何绘制爱心的另一半呢？

二、"镜像"命令

"镜像"命令可使零件通过一条线或面成形出与它对称的造型，镜像后的零件与原零件无关联，可随意拖曳。

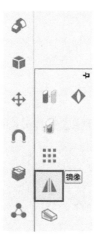

三、找回爱心的另一半

单击工具栏中的"基本编辑"→"镜像"按钮，设置"实体"参数为曲线，"镜像线"参数为线段，设置完毕后单击"√"按钮退出镜像编辑。

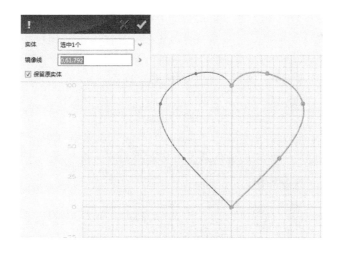

找到爱心中间的线段，单击选中线段，按键盘上的"Delete"键删除。

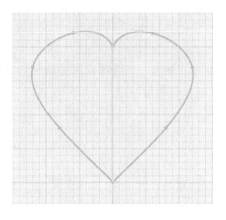

单击 ✅ 按钮退出草图编辑状态，这样爱心的平面图就成形了。

尝试用"镜像"命令找回爱心的另一半。

在完成镜像后，为什么要删除先前绘制的线段？如果不删除会怎样？

_____

_____

7.2 立体爱心

一、"拉伸"命令

使用此命令前要先通过草图创建一个拉伸特征，再把草图沿垂直草图方向拉伸成实体，在拉伸菜单中可手动输入拉伸距离、拔模角度、拉伸方向等参数值，也可通过新增智能手柄调节拉伸距离和拔模角度。

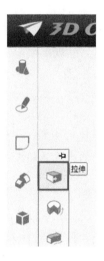

单击工具栏中的"特征造型"→"拉伸"按钮，单击爱心设置"轮廓 P"参数，修改智能手柄数值改变拉伸的高度。

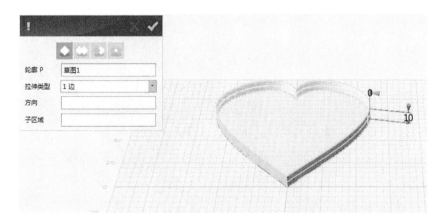

单击"√"按钮退出拉伸编辑，一颗爱心就呈现在我们的眼前了。

1. 尝试使用"拉伸"命令，让爱心更具立体感。
2. 尝试设置不同的高度数值观察爱心的变化。

二、手感很重要

单击"特征造型"→"圆角"按钮，选中需要圆角的边，通过修改智能手柄的数值来调节圆角的宽度。

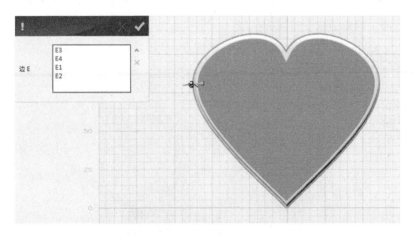

单击"√"按钮退出圆角编辑，一颗手感很好的爱心就完成了。

同学们尝试用"圆角"命令让爱心变得更完美吧。

三、给爱心穿个孔

单击工具栏中的"基本实体"→"圆柱体"按钮，在爱心中心靠上的位置绘制一个圆柱体，设置圆柱的半径为 3mm，可以通过智能手柄调整到合适的高度，设置完毕后单击"√"按钮确定。

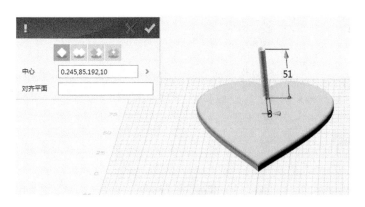

单击工具栏中的"基本编辑"→"移动"→"动态移动"按钮，"实体"选择刚才绘制的圆柱，单击拖动 y 轴并由上而下移动穿过爱心。移动完毕后单击"√"按钮确定。

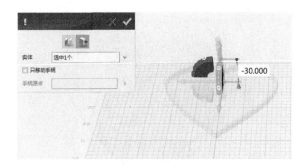

单击工具栏中的"组合编辑"→"减运算"按钮，"基体"选择爱心，"合并体"选择圆柱，单击"√"按钮完成爱心的打孔。

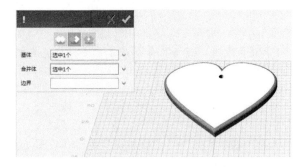

尝试给爱心打个孔。

爱心制作完成了，你会用什么样的方式把这颗爱心献给你的妈妈呢？

_____

_____

爱心挂饰绘制

第8章

阅读的小伴侣——书签

读万卷书，行万里路。阅读已经成为我们的一种生活方式了，在书中我们畅游缤纷的世界，美哉！乐哉！此时，再配上一个自己特制的 3D 书签，岂不是锦上添花？

8.1 绘制书签草图

书签：是用作题写书名的，一般贴在古籍封皮左上角，有时还有册次和题写人姓名及标记阅读到什么地方，记录阅读进度而夹在书里的小薄片儿，随着时代的发展，又衍生出其他类型的书签。

"回形针"书签

一、"草图绘制"书签形状

单击工具栏中的"草图绘制"→"直线"按钮，在网格面中绘制一条线段，长度为 75mm，在线段的右边相距 10mm 处绘制一条长度为 75mm 的线段，两条线段平行。

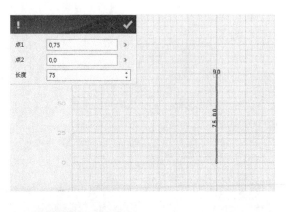

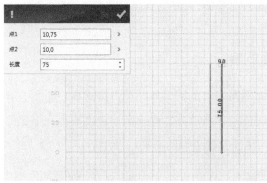

接下来继续使用"直线"命令根据"回形针"书签的外形绘制出其他的线段。

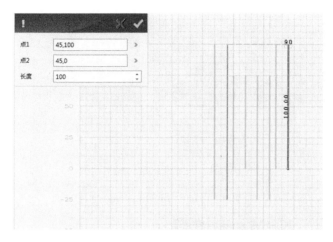

尝试将"回形针"书签的其他线段绘制出来。

二、"圆弧"连接

单击工具栏中的"草图绘制"→"圆弧"按钮，分别将回形针书签顶部的线段 3 和 6、线段 4 和 5、线段 1 和 8、线段 2 和 7 进行连接，然后将回形针书签底部的线段 1 和 6、线段 2 和 5 进行连接。

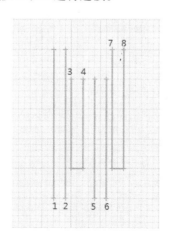

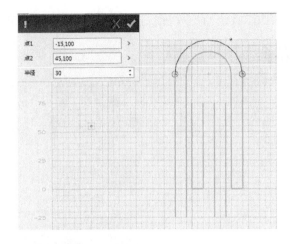

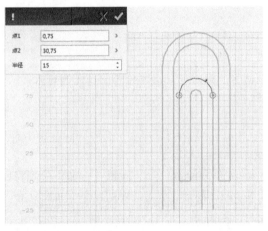

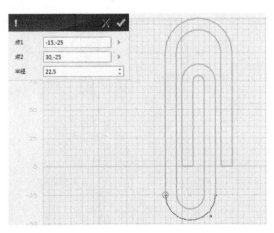

尝试使用"圆弧"命令连接各线段。

同学们，在使用"圆弧"连接线段时你遇到了什么困难？是怎么解决的？

_____

_____

三、"距离测量"求圆弧半径

在左侧工具栏中选择距离测量命令，可以测量零件中点到点、体到面、面到面、面到点的距离。测量命令可以检验造型的正确性，找出肉眼难以分辨的错误。

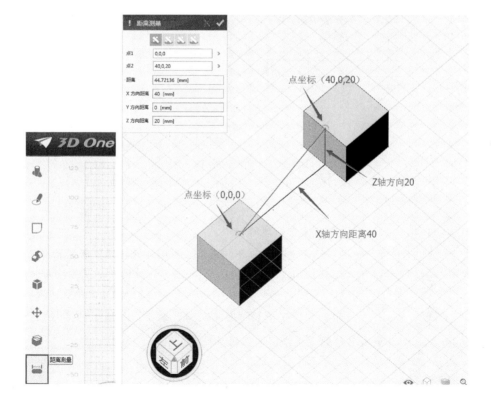

那么如何通过"距离测量"来求圆弧的半径呢？

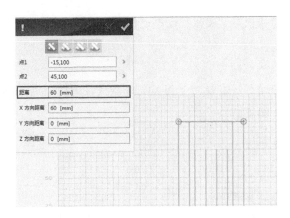

通过测量我们发现"线段 1"到"线段 8"之间的距离是 60mm，因此可知圆弧的直径是 60mm，r=d÷2，所以圆弧的半径是 30mm。

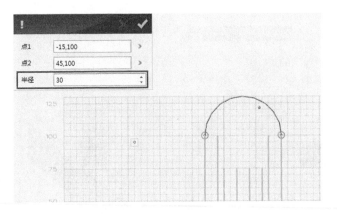

1. 删除刚才绘制的圆弧。
2. 使用"距离测量"命令测得需使用圆弧连接线段间的距离。
3. 根据测量所得的圆弧直径算出半径，绘制出线段的连接圆弧。

同学们，除了使用"距离测量"命令求得圆弧的半径，你还有其他的方法求得圆弧的半径吗？_____

_____

四、完成草图绘制

通过使用"圆弧"命令将需要连接的直线连接后，"回形针"书签就完成了平面图形的绘制。

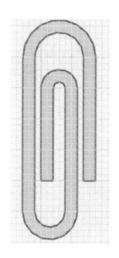

8.2　拉伸完成书签

单击 ✅ 按钮，退出草图编辑界面。单击工具栏中的"特征造型"→"拉伸"按钮将书签进行拉伸。拉伸的高度设置为"1"，设置完毕后单击"√"按钮退出拉伸编辑。

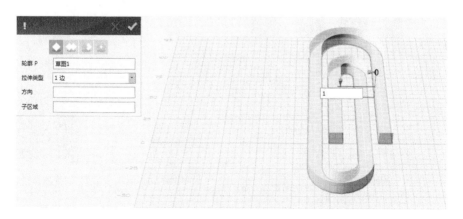

这样我们就完成了"回形针"书签的制作，看下成品图吧！

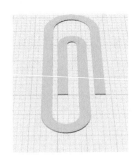

使用"拉伸"命令完成你的"回形针"书签吧。

　　同学们，在我们的生活中有各式各样的书签，你可以设计出其他的书签吗？

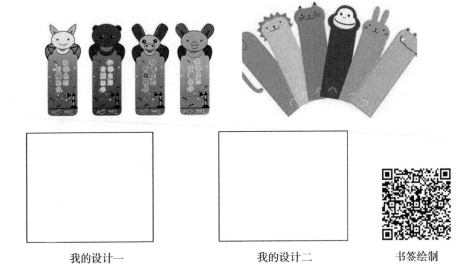

我的设计一	我的设计二	书签绘制

第 3 篇

活用软件命令，拓宽创作领域

第 9 章

给文具安个家——笔筒

　　铅笔、圆珠笔、钢笔、蜡笔……哇，那么多的文具如何是好？制作一个笔筒吧，为这些学习必用品安置一个家，在你需要的时候随时都能找到。

　　今天就让我们一起走进 3D 打印的笔筒世界！

9.1　笔筒的底座

　　单击工具栏中的"基本实体"→"圆柱体"按钮，在网格面中绘制一个圆柱，中心设置为 0，0，0，半径为 30mm，高度为 5mm，设置完成后单击"√"按钮完成圆柱体的绘制。

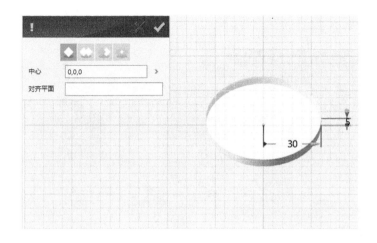

9.2 镂空的筒壁

单击工具栏中的"基本实体"→"圆柱体"按钮，在笔筒的底座上绘制出一个半径为 2.5mm，高度为 100mm 的圆柱，中心同笔筒底座，设置完成后单击"√"按钮，完成圆柱体的绘制。

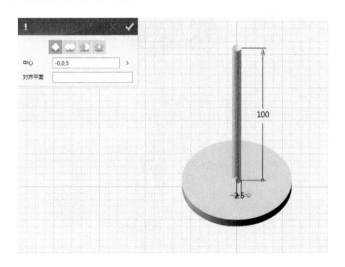

单击工具栏中的"基本编辑"→"移动"按钮，选择"动态移动"方式，将鼠标指针移动到 x 轴线上，按住鼠标左键拖动 x 轴，待出现移动数值后，释放鼠标左键，将移动数值修改为 25mm。设置完成后单击"√"按钮，完成圆

柱体的移动。

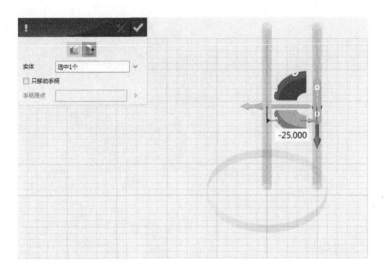

在左侧工具栏的特殊功能子菜单中选择"扭曲"命令,此命令是将一个零件自行扭曲一个角度,类似拧麻花,在对话框中可调节扭转的范围及扭曲角度,从而得到不同的扭曲效果,多用于长方体零件。

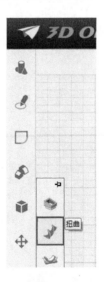

单击工具栏中的"特殊功能"→"扭曲"按钮,"造型"选择刚才的圆柱体,"基准面"选择笔筒底座的顶面,"扭曲角度 T"设置为"100",设置完成后单击"√"

按钮，完成圆柱体的扭曲。

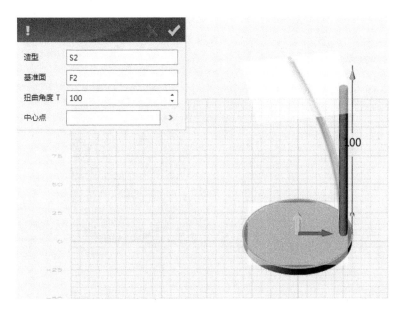

在左侧基础编辑子菜单中选择"阵列"命令，此命令可使零件按照一定方式复制摆放，阵列形式包括线性阵列、圆形阵列和在曲线上的阵列。线性阵列可以沿纵、横两个直线方向复制摆放也可以延一个直线方向阵列；圆形阵列为绕轴旋转复制摆放，并且可以添加阵列环数，可在对话框中通过参数调整；在曲线上阵列为绕着一条曲线复制摆放。

单击工具栏中的"基本编辑"→"阵列"按钮，选择"圆形"方式，"基体"选择已经扭曲的圆柱体，"方向"选择笔筒底座的边，阵列数量设置为"15"，设置完成后单击"√"按钮，完成圆柱体的阵列。

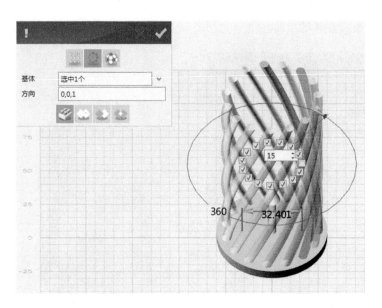

尝试用"扭曲"命令将圆柱体进行扭曲。

尝试用"阵列"命令进行扭曲圆柱的复制。

为什么圆柱扭曲的时候,基准面选择的是笔筒底座的顶面,而不是其他的面?

9.3 笔筒的筒口

完成了笔筒镂空筒壁的制作后,我们发现还缺少一个精致的筒口。

单击工具栏中的"基本编辑"→"阵列"按钮,选择"线性"方式,"基体"选择笔筒的底座,"方向"选择笔筒底座的侧边,阵列数量设置为"2",使用智能手柄适当调整阵列的距离,设置完成后单击"√"按钮,完成笔筒筒口的阵列。

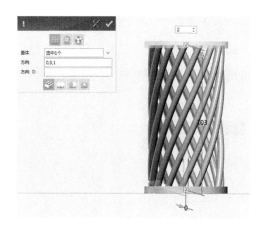

1. 尝试在笔筒的上端绘制出一个相同的圆柱。

2. 尝试在阵列时选择适当的距离。

除了用阵列的方法，你还有其他的方法吗？

_____

_____

单击工具栏中的"基本实体"→"圆柱体"按钮，在刚才移动的圆柱体上绘制一个圆柱，中心设置为 0，0，0，半径为 22mm，高度为 50mm，设置完成后单击"√"按钮完成圆柱体的绘制。

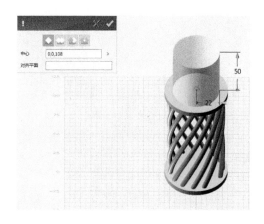

单击工具栏中的"基本编辑"→"移动"按钮，选择"动态移动"方式，将鼠标指针移动到 y 轴线上，按住鼠标左键拖动 y 轴，待出现移动数值后，释放鼠标左键，将移动数值修改为"-20mm"。设置完成后单击"√"按钮，完成圆柱体的移动。

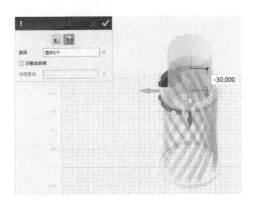

单击工具栏中的"组合编辑"，选择"减运算"命令，"基体"选择笔筒筒口的圆柱，"合并体"选择穿过笔筒筒口的圆柱。设置完成后单击"√"按钮，完成圆柱体的组合。

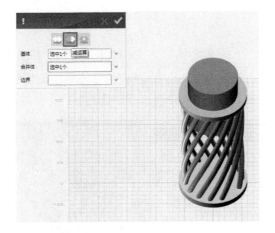

尝试笔筒筒口的打孔。

同学们，打孔所用圆柱体的半径值是由什么决定的？_____

_____

9.4　美化筒口

单击工具栏中的"特征造型"→"圆角"按钮，选中要处理的边，设置完毕后单击"√"按钮退出圆角操作。

一个镂空的笔筒就完成了！

　　镂空的笔筒可以有多种样式，同学们能设计出不同的镂空笔筒吗？

镂空笔筒绘制

第 10 章

传承中华经典——空竹

空竹，古称胡敲、空钟、空筝，抖空竹是中国传统文化苑中一株灿烂的花朵，是受人欢迎的民间游艺活动。抖空竹不仅能训练人的手脑反应能力，也能强身健体。如果将传统文化和现代科技相结合，会有什么结果呢？

10.1 双碗的制作

一、碗的制作

单击工具栏中的"草图绘制"→"直线"按钮，在网格面中纵向绘制一条线段，长度为 50mm。在线段的上端向右侧绘制一条长度为 40mm 的线段，在线段的下端向右侧绘制一条长度为 10mm 的线段。设置完成后单击"√"按钮完成线段的绘制。

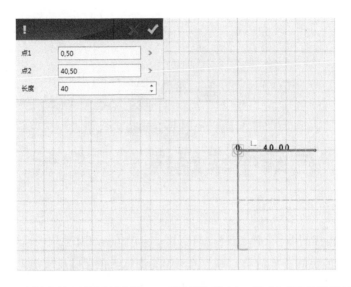

单击工具栏中的"草图绘制"→"圆弧"按钮，将上下两条线段进行连接，圆弧半径为 45mm，在网络面中绘制出"碗"的形状。单击"√"按钮完成圆弧的绘制。

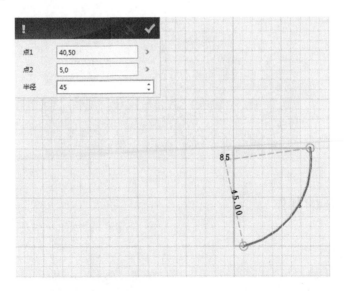

单击 ✓ 按钮，退出草图编辑界面。单击工具栏中的"特征造型"→"旋转"按钮，以左边的线段为轴进行旋转。单击"√"按钮完成图形的旋转。

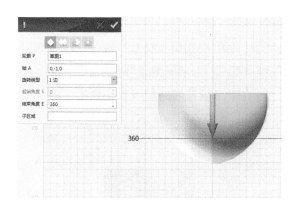

1. 尝试绘制一个空竹"碗"的形状。

2. 尝试对"碗"进行旋转，完成基础形体的绘制。

1. 在草图绘制的过程中，长口线段和短口线段的长短设置是否可以随意设置？

_____

2. 如果把短口的线段绘制得很长会怎样？ _____

_____

将"视图导航器"调整到"上"，单击工具栏中的"草图绘制"→"圆弧"按钮，然后在网格面上单击进入草图绘制，沿着"碗口"绘制一条圆弧，半径为 2.8mm。单击"√"按钮完成圆弧的绘制。

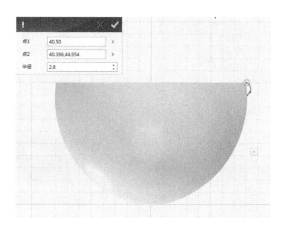

二、"扫掠"命令

在左侧特征造型子菜单中选择"扫掠"命令，此命令用一个开放或闭合的轮廓和一条轨迹线，实现一个草图轮廓沿着一条路径移动形成曲面或实体。与拉伸命令不同之处在于，扫掠的路径可以是曲线，而拉伸命令只能沿着直线拉伸（轨迹线不能与轮廓线在同一平面同一草图内，建议在轮廓线的垂直面内绘制）。

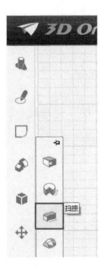

单击 ✅ 按钮，退出草图编辑界面。单击工具栏中的"特征造型"→"扫掠"按钮，把刚才绘制好的圆弧进行扫掠，路径选择"碗口"的曲线。设置完毕后单击"√"按钮完成圆弧扫掠。

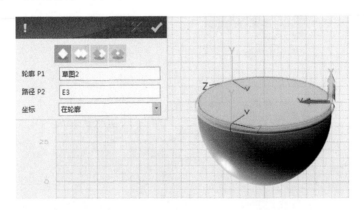

1. 尝试在碗口绘制一条圆弧。

2. 尝试使用扫掠命令完成装饰条的绘制。

单击工具栏中的"特殊功能"→"抽壳"按钮对"碗"进行抽壳，"厚度 T"为"-2"，"开放面"选择大的圆面。设置完毕后单击"√"按钮完成抽壳。

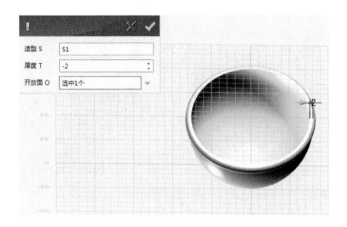

三、"圆形"命令

在左侧草图绘制子菜单中选择"圆形"命令，通过圆心和半径设定，可以快速绘制一个给定半径的圆形。可通过设定参数，改变圆的尺寸。圆形可在网格面上绘制，也可在造型平面上绘制。

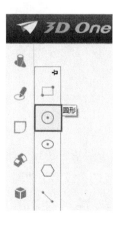

将"视图导航器"调整到"前",单击工具栏中的"草图绘制"→"圆形"按钮,在碗底的小圆面上单击进入草图编辑,绘制一个圆,半径为 30mm。单击"√"按钮完成圆形的绘制。

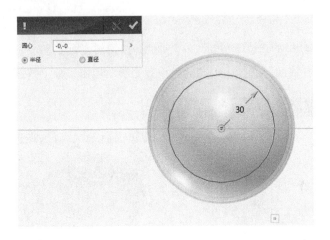

单击工具栏中的"特殊功能"→"投影曲线"按钮,将刚才绘制的圆形投影到碗上。单击"√"按钮完成圆形的投影。

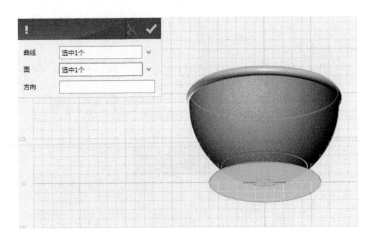

四、"曲面分割"命令

在左侧工具栏的特殊功能子菜单中选择"曲面分割"命令,此命令是用曲面上的一条曲线,将曲面分割成两个或多个曲面。注意,曲线一定要在曲面上,分割成功的两个或多个曲面就会变成独立的曲面,互不干涉。

单击工具栏中的"特殊功能"→"曲面分割"按钮，将碗面分割成两个面，单击"√"按钮完成曲面的分割。

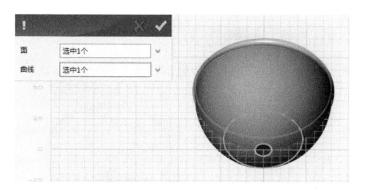

五、"组合编辑"加运算

选择左侧的"组合编辑"命令，可以对多个基体做布尔运算。布尔运算的形式为：加运算、减运算、交运算。布尔加运算：将两个或多个造型合并成为一个造型。

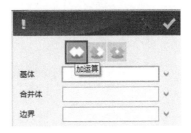

单击工具栏中的"组合编辑"按钮，选择"加运算"命令将碗体和碗口装饰条进行组合。

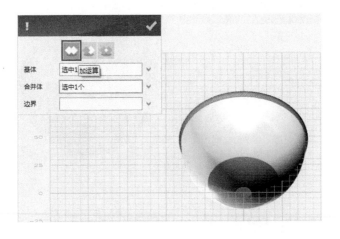

1. 尝试使用抽壳命令对碗体进行抽壳操作。
2. 尝试绘制圆形并投影到碗体上。
3. 尝试利用圆形曲线对碗体进行曲面分割。
4. 尝试将碗体和碗口装饰体进行组合。

六、第二个"碗"的制作

单击工具栏中的"基本编辑"→"阵列"按钮，选择"线性"阵列就可以复制出一个一模一样的"碗"了。

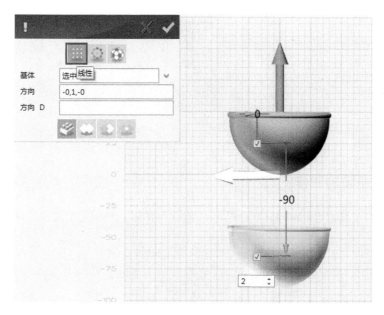

单击工具栏中的"基本编辑"→"移动"按钮,选择"动态移动"方式调整碗口的方向。

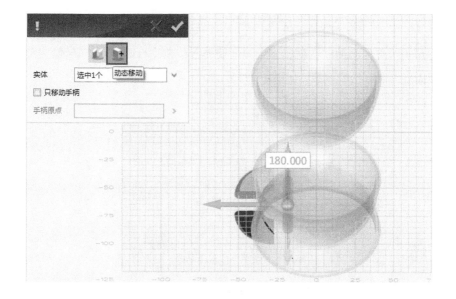

10.2　中轴的制作

单击工具栏中的"草图绘制"→"直线"按钮，绘制出中轴的形状。

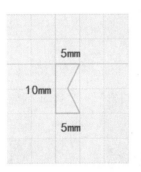

单击工具栏中的"特征造型"→"旋转"按钮进行旋转，旋转轴选择左侧的线段。

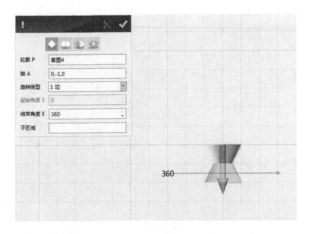

单击工具栏中的"自动吸附"按钮将中轴和双碗吸附在一起，然后用"组合"命令把两个碗和中轴组合在一起。

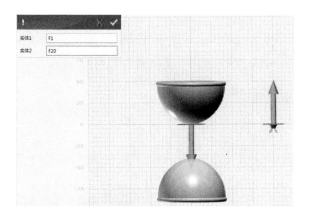

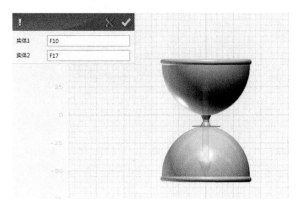

1. 绘制一个空竹的中轴。

2. 用中轴把两个"碗"拼接在一起。

1. 中轴的宽度应该和哪个位置保持一致？

_____

2. 自动吸附时有什么秘诀？

_____

10.3 空竹棒的制作

一、辅助体

一般以六面体作为辅助体，辅助体可以在绘制图形时提供方便，例如，阵列时在选择方向上可以参考辅助体，选择需要阵列的方向。

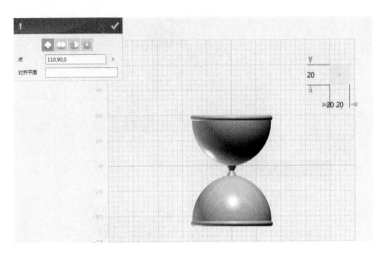

二、空竹棒

将"视图导航器"调整到"前"，单击工具栏中的"基本实体"→"圆柱体"按钮，在六面体上绘制出一个圆柱体，半径为 2mm，长度为 180mm。

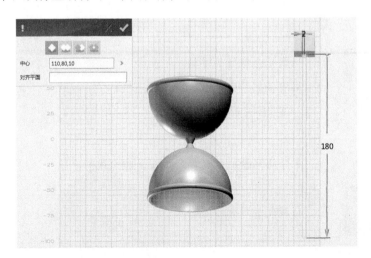

　　删除辅助体，再将"视图导航器"调整到"前"，在圆柱体的圆面上绘制出一个圆柱体，半径为 4mm，长度为 -80mm，往细圆柱方向延伸。

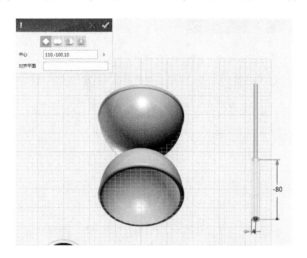

　　单击工具栏中的"组合编辑"按钮，选择"加运算"命令把两个圆柱组合起来。

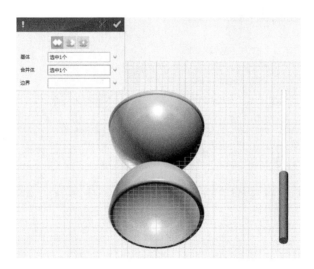

1. 尝试绘制一个圆柱作为空竹棒。

2. 尝试绘制一个圆柱作为空竹棒的手柄。

3. 把空竹棒和空竹棒的手柄组合在一起。

单击工具栏中的"圆柱体"按钮，在空竹棒的顶部绘制一个圆柱体，半径为 1mm，长度为 20mm。

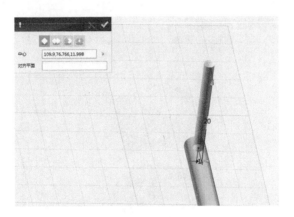

单击工具栏中的"基本编辑"→"移动"按钮，选择"动态移动"方式将立柱穿过空竹棒。

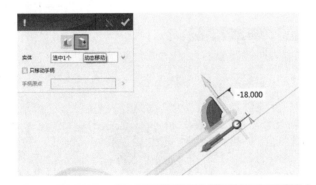

单击工具栏中的"组合编辑"按钮，选择"减运算"命令，完成穿线孔的制作。

单击工具栏中的"圆角"按钮，把空竹棒的边角做圆滑处理。

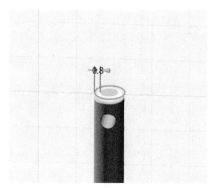 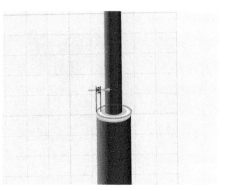

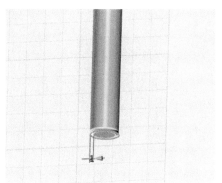

1. 尝试在空竹棒的顶部绘制一个圆柱体。
2. 尝试使用组合命令中的减运算绘制穿线孔。
3. 尝试使用圆角命令把空竹棒的边角圆滑化。

　　空竹棒是一对的，你有什么好办法制作出另一个空竹棒吗？
你会怎么做？ _____

_____

　　单击工具栏中的"基本编辑"→"阵列"按钮，选择"线性"方式复制出
另一个空竹棒。

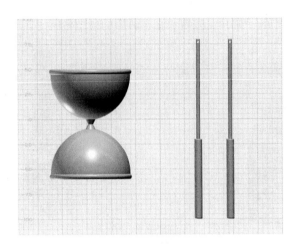

空竹绘制

第 11 章

重拾儿时乐趣——齿轮积木

齿轮积木是十分受儿童欢迎的一种益智类游戏，极富乐趣和挑战性。拼装过程中学生动手又动脑，成品更是给人带来惊喜。带着对童年的回忆，一起来制作齿轮积木吧，你是最有发言权的。

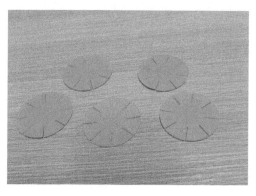

11.1 我们的思考

如下图所示，这是我们本章要完成的作品，在动手制作的时候先让我们了解一下它的结构。

通过观察发现，在这个积木中整个圆被分成了 8 等份，于是我们利用软件中的网格面配合正方形（边长 50）、圆和圆的直径（直径 50），把一个圆分成了 8 等份，得到了以下图形。

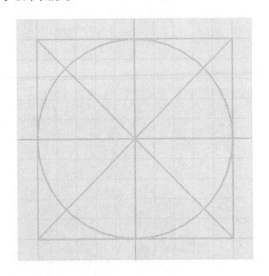

11.2　草图绘制积木

一、积木开口长短的确定

以大圆的圆心为圆心，再绘制一个小圆，直径为大圆直径的一半（直径 25）。这样我们就可以确定积木开口的长短了。

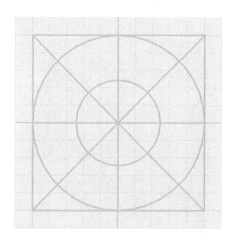

二、积木开口宽窄的确定

直径与小圆圆周的交点处用"直线"命令向左侧画一条线段，长度为 0.5，然后再用"直线"命令从线段的左侧端点处向大圆圆周处画一条线段，再用"基本编辑"命令中的"镜像"命令画出另一侧的形状。用同样的方法把所有的开口全部绘制好。

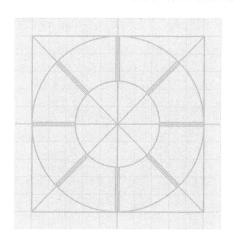

1. 尝试用"草图绘制"命令把一个圆分成 8 等份。
2. 尝试让积木每一条开口的长短都一样。
3. 尝试绘制积木的开口形状。

11.3 草图编辑积木初显造型

一、辅助形状删除

单击选中正方形、大圆直径、小圆并进行删除。

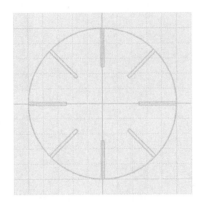

二、草图修剪

单击工具栏中的"草图编辑"→"修剪"按钮,将不需要的边删除。这样就得到了我们需要的积木造型了,设置完成后单击 ✓ 按钮,退出草图编辑。

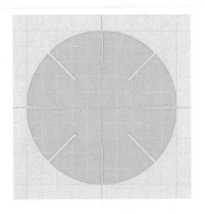

尝试删除不需要的边线。

1. 为什么我修剪后得到的图形是这样的？

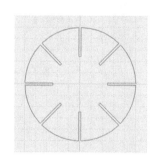

2. 绘制草图时要注意什么？

_____

_____

11.4　拉伸平面变立体

退出草图绘制后，单击工具栏中的"特殊造型"→"拉伸"按钮，使用智能手柄设置拉伸的厚度为"2"。设置完成后单击"√"按钮完成拉伸操作。

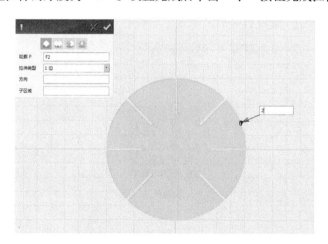

11.5 一个变多个

经过前期的操作我们完成了单个积木的制作，接下来单击工具栏中的"基本编辑"→"阵列"按钮，设置需要阵列的数量和阵列距离。设置完成后单击"√"按钮完成阵列的操作。

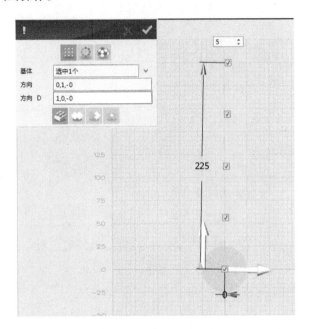

1. 尝试设计积木的立体造型。
2. 尝试使用不同的方法制作齿轮积木。

齿轮积木

第 12 章

宝贝成长伙伴——记忆积木

记忆积木，那可是智慧的玩物，就好比附加题、魔方、孔明锁，极有挑战性。一旦拿起，就舍不得放下，直到任务完成。现在就让我们一起使用 3D One 制作一套记忆积木，考考你的小伙伴吧！

12.1　积木底座的制作

单击工具栏中的"基本实体"→"圆柱体"按钮，在网格面中绘制一个高为 20mm、半径为 80mm 的圆柱。设置完成后单击"√"按钮完成圆柱体的绘制。

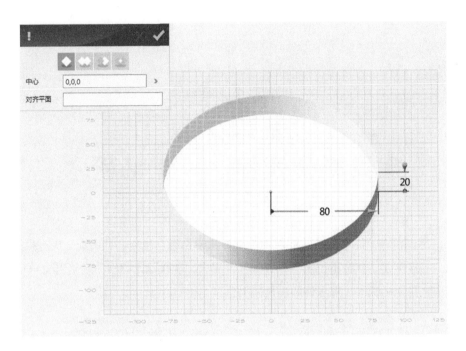

　　单击工具栏中的"特征造型"→"圆角"按钮,将圆柱的顶面边缘做圆滑处理。
设置完成后单击"√"按钮完成圆角操作。

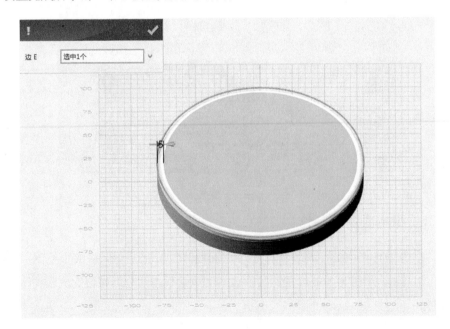

1. 尝试绘制一个圆柱来做圆盘。

2. 尝试将圆盘的顶面圆弧做圆滑处理。

接下来就让我们给颜色积木做个藏身的地方。单击工具栏中的"基本实体"→"圆柱体"按钮，在圆盘上绘制一个半径为 6mm、高为 40mm 的小圆柱。绘制圆柱的位置靠近圆盘的外边缘。设置完成后单击"√"按钮完成小圆柱体的绘制。

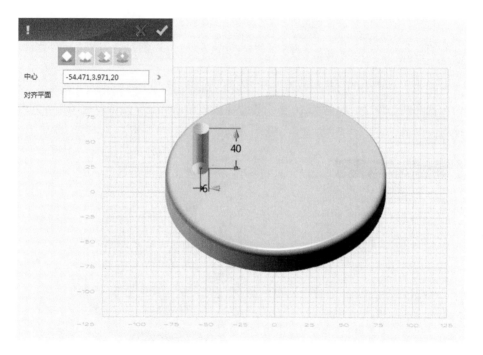

单击工具栏中的"基本编辑"→"移动"按钮，选择"动态移动"选项，将圆柱嵌入圆盘中，嵌入深度为 10mm。设置完成后单击"√"按钮完成小圆柱体的移动。

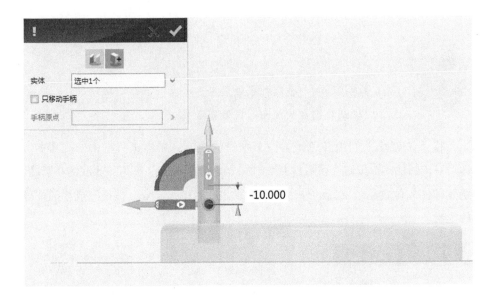

单击工具栏中的"基本编辑"→"阵列"按钮,选择"圆形"阵列选项,"方向"选择圆盘的边,个数为 10 个。设置完成后单击"√"按钮完成圆形阵列的操作。

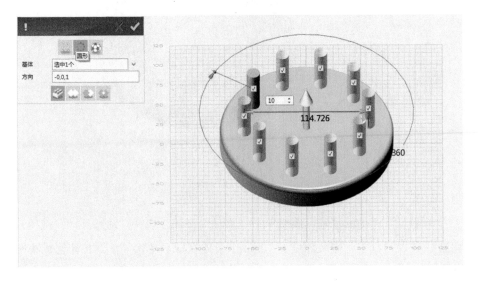

在网格面中绘制一个六面体作辅助体备用。

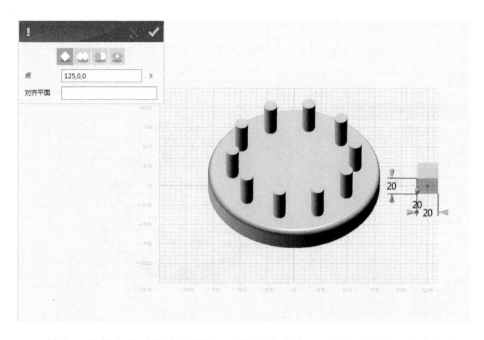

单击工具栏中的"基本编辑"→"阵列"按钮，选择"线性"阵列选项，方向借助六面体，个数为 2 个，距离为 35mm。设置完成后单击"√"按钮完成线性阵列的操作。

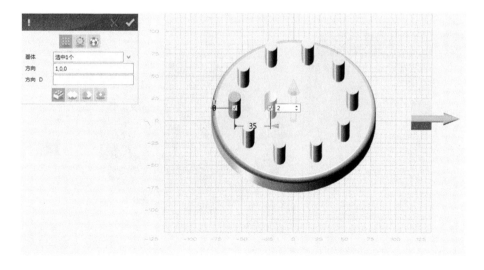

单击工具栏中的"基本编辑"→"阵列"按钮，选择"圆形"阵列选项，方向选择圆盘的边，个数为 3 个。设置完成后单击"√"按钮完成圆形阵列的操作。

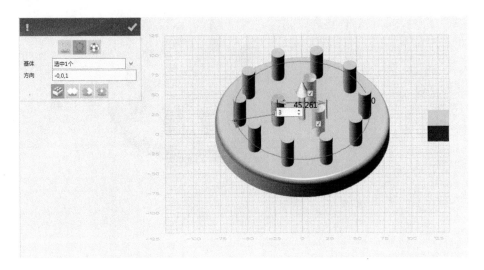

接下来，单击工具栏中的"组合编辑"按钮，选择"减运算"选项，"基体"选择大圆盘，"合并体"选择 13 个小圆柱。设置完成后单击"√"按钮完成减运算的操作。

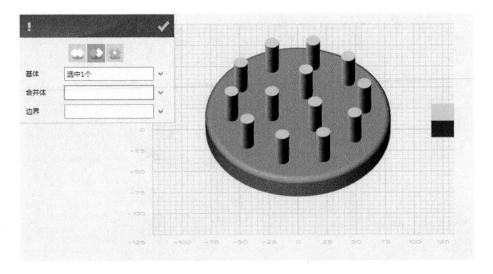

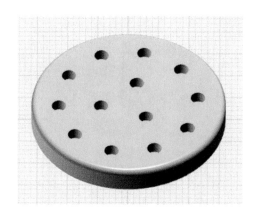

经过刚才的操作，我们已经把记忆积木的底座做好了。

1. 尝试在圆盘上绘制出挖孔所要的圆柱。
2. 尝试使用组合编辑的减运算在圆盘中挖孔。

为什么我们要在圆柱阵列前先进行移动？如果先阵列会出现怎样的情况？ _____

_____

12.2 颜色积木的制作

使用草图绘制中的直线、圆弧命令在网格面中绘制出颜色积木的形状。

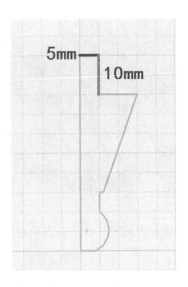

退出草图绘制后，单击工具栏中的"特征造型"→"旋转"按钮，以左边的线段为轴进行旋转，绘制出颜色积木。设置完成后单击"√"按钮完成旋转的操作。

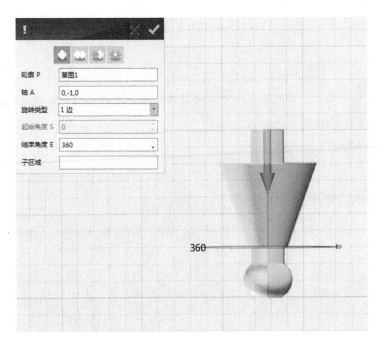

单击工具栏中的"特征造型"→"圆角"按钮，对颜色积木的边进行圆滑处理。

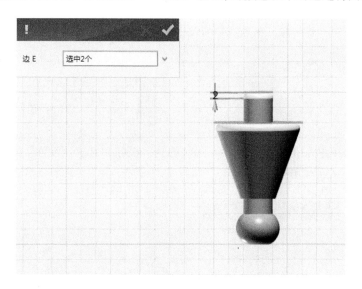

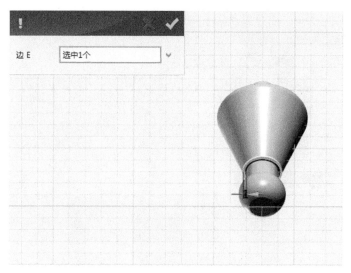

1. 尝试用草图绘制的方法绘制出颜色积木。
2. 尝试用圆角命令将积木的边进行圆滑处理。

想一想，积木底部的尺寸和圆盘底座上孔的大小有什么联系？

_____

_____

单击工具栏中的"基本编辑"→"阵列"按钮，选择"线性"阵列选项，复制出我们需要的 13 个颜色积木。

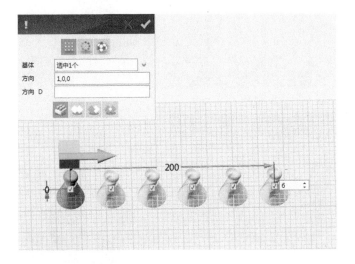

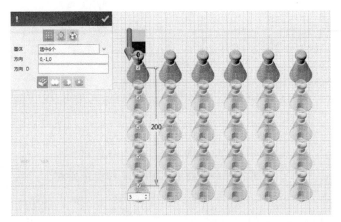

请完成颜色积木的制作。

12.3　颜色骰子的制作

在网格面中绘制出一个高 40mm、宽 40mm、长 40mm 的六面体。

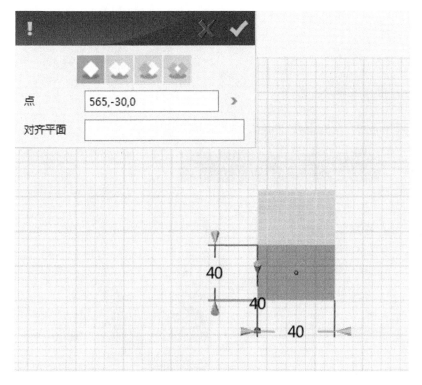

在六面体上绘制出一个球体，半径为 30mm。

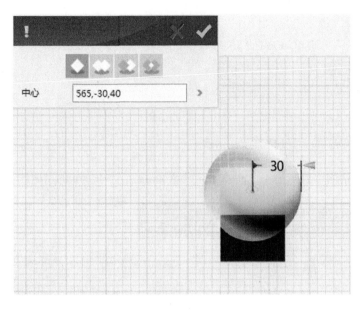

使用移动命令，下移 20mm，使球体和六面体重合。

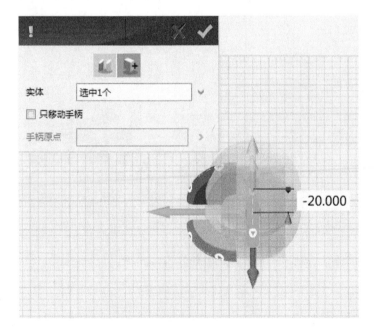

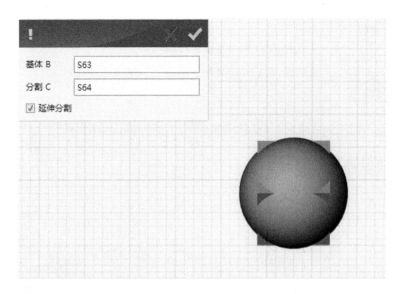

单击工具栏中的"特殊功能"→"实体分割"按钮，"基体 B"选六面体，"分割 C"选球体。设置完成后单击"√"按钮完成实体分割的操作。实体分割后将不需要的部分删除。

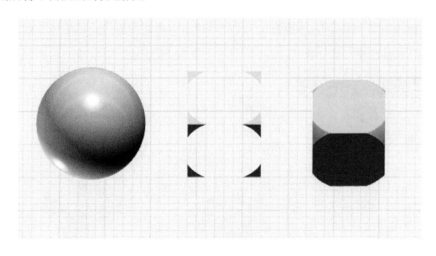

1. 尝试把六面体和球体重合在一起。
2. 尝试使用实体分割制作出颜色骰子的基本形状。

在颜色骰子的 6 个面上分别绘制出 6 个半径为 6mm 的球体。

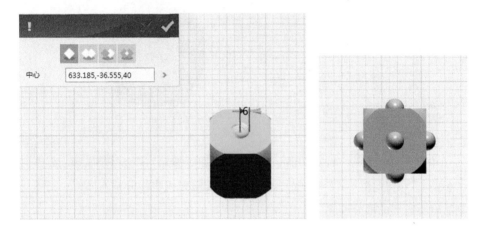

使用组合编辑命令，把颜色骰子和球体进行减运算组合，"基体"选颜色骰子，"合并体"选球体。

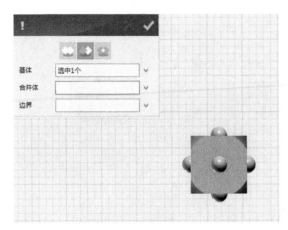

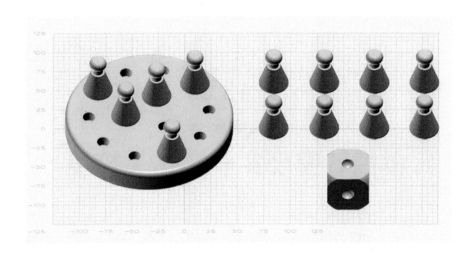

 1. 尝试在颜色骰子上绘制球体。

2. 尝试在颜色骰子上绘制出球面孔。

3. 尝试对完成的作品进行渲染。

记忆积木

第 13 章

虚拟转变现实——作品打印

通过学习，我们了解了如何使用 3D One 进行建模，那么我们设计的模型怎样才能打印成实物呢？接下来就让我们一起来看看模型是如何打印的！我们以记忆积木模型为例讲解打印的整个过程。

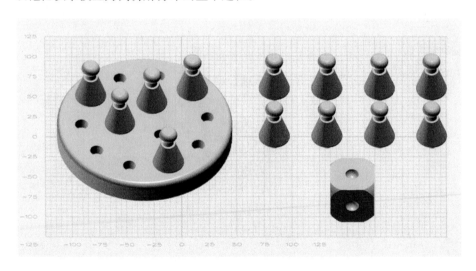

13.1 3D 建模

"3D 建模"通俗来讲就是使用三维制作软件通过虚拟三维空间构建出具有三维数据的模型，如在本书中使用 3D One 制作的模型。

13.2　打印文件输出

　　建立完 3D 模型后还不能直接用于 3D 打印机进行打印，因为打印机只能识别特定的类型数据。将建好的 3D 模型导出为 .stl 或 .obj（这两者是世界通用的中间交换格式）文件。

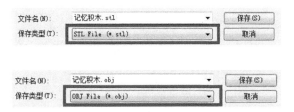

　　记忆积木由 3 个部分组成，所以我们在输出打印文件时也输出了 3 个 STL 文件，分别是积木底座 .stl、颜色积木 .stl、颜色骰子 .stl。

积木底座.stl　　　颜色积木.stl　　　颜色骰子.stl

13.3　切片处理

　　生成通用的中间交换格式后还需要生成 3D 打印机能够识别的工作流文件（.gcode、.x3g 或 .s3g 等格式），这就需要用到切片软件。

　　什么是切片呢？切片实际上就是把你的 3D 模型切成一片一片的，设计好打印的路径（填充密度、角度、外壳等），并将切片后的文件存储为 .gcode 格式，即 3D 打印机能直接读取并使用的文件格式。通过 3D 打印机控制软件，把 .gcode 文件发送给打印机并控制 3D 打印机的参数，就可实现 3D 打印了。

　　当前通用的切片软件很多。本书介绍的是 Cura。

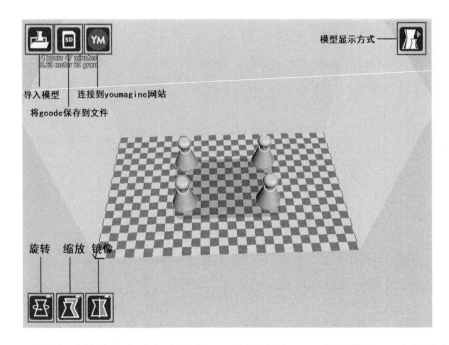

使用切片软件依次对积木底座 .stl、颜色积木 .stl、颜色骰子 .stl 文件进行设置。

13.3.1 积木底座切片设置

"质量"中的"层高（mm）"参数决定着模型打印的精密度，范围是 0.1 ~ 0.3mm，高质量打印选择 0.1mm，一般打印选择 0.2mm，低质量打印选择 0.3mm，打印的精密度越高，打印所需的时间也就越长。"外壳厚度（mm）"和"开启回抽"保持软件默认参数设置。

"填充"中的"底部 / 顶部厚度（mm）"和"填充密度（%）"保持软件默认参数设置。

"速度 && 温度"中的"打印速度（mm/s）""打印温度（c）""热床温度"保持软件默认参数设置。

"支撑"中的"支撑类型"设置为"None"，"平台附着类型"同样也设置为"None"。

"线材"中的"线材直径（mm）"和"流量（%）"保持软件默认参数设置。

这样，积木底座的切片设置就完成了！

Cura - 14.07

文件 工具 机器 高级选项 帮助

基本 高级 插件 起始/停止 GCode

质量

层高 (mm)	0.1
外壳厚度 (mm)	0.8
开启回抽	☑

填充

底部/顶部厚度 (mm)	0.8
填充密度 (%)	20

速度 && 温度

打印速度 (mm/s)	60
打印温度 (C)	210
热床温度	60

支撑

支撑类型	None ▼
平台附着类型	None ▼

线材

线材直径 (mm)	1.75
流量 (%)	100.0

13.3.2 颜色积木切片设置

颜色积木切片时要注意"支撑"中"支撑类型"的选择,这时就不能用"None"了,要选用"Touching buildplate"(用于创建那些与平台接触的支撑结构)。

如下图所示,颜色积木在打印时中间部分和打印机的打印平台是没有直接接触的,在打印时就无法完成打印,所以必须在平台与打印物之间创建一个支撑结构辅助完成打印,确保打印成功。

其他的切片参数可以保持软件默认设置。

13.3.3 颜色骰子切片设置

颜色骰子的切片设置和积木底座的设置相同，"质量"中的"层高（mm）"参数选择 0.1mm，"外壳厚度（mm）"和"开启回抽"保持软件默认参数设置。

"填充"中的"底部 / 顶部厚度（mm）"和"填充密度（%）"保持软件默认参数设置。

"速度 && 温度"中的"打印速度（mm/s）""打印温度（c）""热床温度"保持软件默认参数设置。

"支撑"中的"支撑类型"设置为"None"，"平台附着类型"同样也设置为"None"。

"线材"中的"线材直径（mm）"和"流量（%）"保持软件默认参数设置。

13.4 打印

积木底座 .stl、颜色积木 .stl、颜色骰子 .stl 文件在切片软件中设置完成后，将文件存储为 .gcode 格式。打印机一般只能识别英文文件名，所以在存储时需要将中文文件名改为英文文件名。

jimudizuo.gcode　　yansejimu.gcode　　yansesaizi.gcode

　　启动 3D 打印机，通过数据线、SD 卡等方式把 STL 格式的模型切片得到的 Gcode 文件传送给 3D 打印机。打印一件作品一般需要几个小时，甚至几十个小时，所以建议把 Gcode 文件通过 SD 卡传送给 3D 打印机。

　　3D 打印机装入 3D 打印材料、调试打印平台、设定打印参数后就可以开始工作了，材料会一层一层地打印出来，就像盖房子一样，最终一个完整的物品就会呈现在我们眼前了。

附录

3D One 快捷键

记住这些快捷键吧，它们会让你使用 3D One 软件时如鱼得水！

快捷键：Ctrl+0

对应功能：重置旋转中心，用于将设置过的旋转中心重置到坐标原点

快捷键：Ctrl+1

对应功能：设置旋转中心

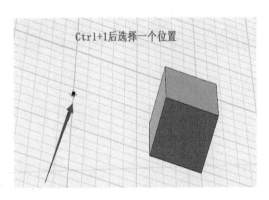

Ctrl+1后选择一个位置

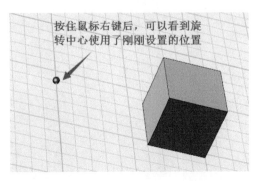

按住鼠标右键后，可以看到旋转中心使用了刚刚设置的位置

快捷键：Ctrl+2

对应功能：画多段线方式选择实体

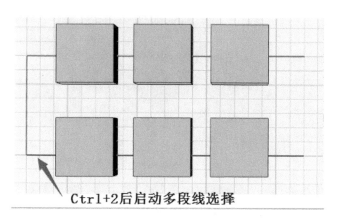

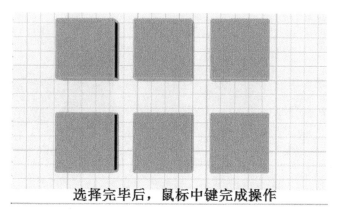

快捷键：Ctrl+A

对应功能：最大化显示实体

快捷键：Ctrl+C

对应功能：复制实体

快捷键：Ctrl+D

对应功能：显示实体尺寸

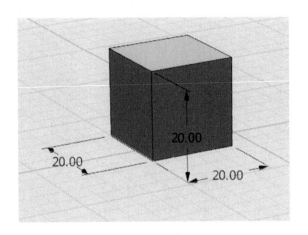

快捷键：Ctrl+F

对应功能：切换线框模式和渲染模式

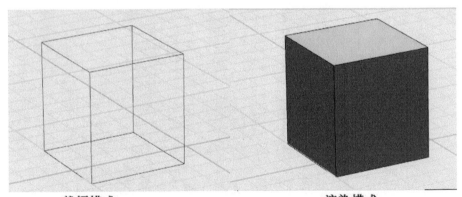

线框模式　　　　　　　　　　　渲染模式

快捷键：Ctrl+N

对应功能：新建图纸

快捷键：Ctrl+O

对应功能：打开图纸

快捷键：Ctrl+S

对应功能：保存图纸

快捷键：Ctrl+V

对应功能：粘贴实体

快捷键：Ctrl+W

对应功能：局部最大化显示

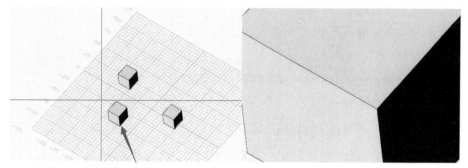

执行Ctrl+W后，选择一个区域　　　　　　　　　　被选择的区域会放大到最大

快捷键：Ctrl+X

对应功能：剪切实体

快捷键：Ctrl+Y

对应功能：重做

快捷键：Ctrl+Z

对应功能：撤销

快捷键：Ctrl+ ←、↑、→、↓

对应功能：切换到正面视图，如果只是按←、↑、→、↓，则进行前／后／左／右旋转视图

快捷键：Ctrl+Del

对应功能：取消选择集中的上一个选择

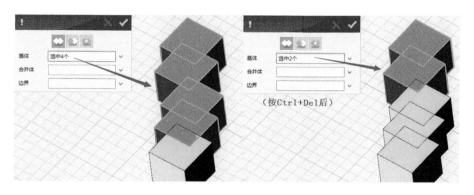

快捷键：Del 及 Backspace

对应功能：删除实体

快捷键：Esc

对应功能：取消命令

快捷键：F11 及 F12

对应功能：在上一个显示视图和下一个显示视图之间切换

快捷键：Ctrl+Home

对应功能：视图自动对齐到选定面

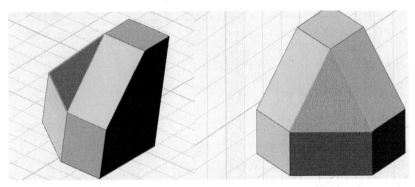

选择一个面后按Ctrl+Home   视图自动对齐到选定面的前方